U0055132

沒有創意的文案不叫文案

王劍◎著

Creative Copywriting

目錄

第三章　直戳痛點，開頭就要欲罷不能

第四章　滾蛋吧！那些乾巴巴的內容

Creative
Copywriting

第五章　長文案難寫還是短文案難寫

第六章　玩轉新媒體文案創作的七個姿勢

第七章 眼睛與心靈的距離，深度剖析文案視覺化

第八章 創意文案，到底有沒有套路

Creative
Copywriting

Creative Copywriting

前言

文字，從筆墨紙硯上走出來，從輸入法對話方塊中跳出來，再以驚人的速度傳播，從雜誌、報紙、電視，到海報、手機、網路，包圍著我們的生活。如今，從流行歌曲、熱門小說、影視劇本，到八卦新聞、網路段子，甚至是促銷資訊，文字一直在被我們所閱讀、所體驗、所娛樂、所消費。

而在這些文字快速流傳的背後，離不開以此為業的創作者們。他們憑藉頭腦和筆桿，構思廣告的概念，用標題刺激眼球、用口號鼓動消費者、用內容吸引大眾。他們無時無刻不在追求語言的說服力和鮮活度，並以此為廣告注入強心劑。而這，就是文案的由來。

那麼，文案到底是什麼？

文案＝標題？

文案＝廣告語？

文案＝廣告正文？

文案＝廣告的方案？

文案＝文案手？

其實這些說法都不夠準確。文案，既可以表示一個廣告作品中的文字組成部分，也可以表示那些從事文案寫作人員的職稱。為方便區分，我們在本書中以「文案」和「文案手」來區分二者。

很多新入門的文案手都覺得寫文案靠的是靈感，所以非常好奇那些能寫出好文案的靈感都是從哪兒來的？事實上，關於靈感這一個說法，已經被無數文案手推翻過，並且大致都認同這樣一句話：「沒有靈感，只有累積。」

要知道，生活中每一個靈光一現都是不可複製的，比如每日的生活、夜晚的散步、與朋友的對話、網上的閒逛、花錢的爽快……都是再普通不過的生活，但累積卻需要我們通過不斷的學習和進步才能獲得。所以，我們在本書的第一章表示，靈感與創意，並不存在於某一篇文章之中，而在於每一篇文章裡。

當我們寫下一篇又一篇文案，一點一點積累、堆高，直到竄上雲端時，就成了人們以為的靈感。

都說「題好一半文」，說的就是標題的重要性。對此，著名文案撰稿人、《如何寫一個好廣告》一書的作者維克多・施瓦布曾說過：「一些失敗廣告中的內文很有說服力，但是卻沒有提煉出一個好標題。因此，雖然主體文案很精彩，但根本沒有人去閱讀。」

標題是文案中較為難寫的，所以有不少文案手都會在標題上停滯不前。因此，在本書第二章，我們特意總結了一些關於標題的寫法，讓那些被標題困住腳步的文案手能夠快速找到標題撰寫的密匙，寫出令讀者眼前一亮的標題。

文案的開頭，決定著讀者到底能不能在第一時間通讀全文。因此，本書第三章針對如今比較流行的開頭模式，通過案例進行解析，幫助讀者更好地掌握好文案開頭的秘密。

文案的正文是對產品及服務，以客觀的事實、具體的說明，來增加使用者對產品的瞭解與認識，做到以理服人。所以，文案在撰寫正文時，要實事求是、通俗易懂。不論我們採用哪種題材或式樣，都要抓住產品的主要資訊來敘述，言簡易明。不僅如此，為避免文案手們總是寫一些乾巴巴的文案，我們在本書第四章中總結了一些文案內容的寫作方法，以便於激發讀者的興趣。

另外，**文案的難易程度，重點並不是字數的多少，而在於它到底需要提供多少資訊才能達到銷售的目的**。在一般情況下，文案的長度都取決於產品本身、廣告受眾、文案目的、情感參與度這幾個要素。就拿產品本身來說，由於行業、類別、定位、目標受眾的不同，將直接導致每個產品值得為人所道的地方也存在很大區別。

比如同樣是關於酒的文案，葡萄酒的文案需要洋洋灑灑幾百字，如《三毫米，一顆葡萄要走十年》的文案：

三毫米，瓶壁外面到裡面的距離
一顆葡萄到一瓶好酒之間的距離
不是每顆葡萄都有資格踏上這三毫米的旅程
它必是葡萄園中的貴族；佔據區區幾平方公里的沙礫土地
坡地的方位像為它精心計量過
剛好能迎上遠道而來的季風
它小時候，沒遇到一場霜凍和冷雨
旺盛的青春期，碰上十幾年最好的太陽，臨近成熟
沒有雨水沖淡它醞釀已久的糖分，甚至山雀也從未打它的主意
摘了三十五年葡萄的老工人
耐心地等到糖分和酸度完全平衡的一刻才把它摘下

酒莊裡最德高望重的釀酒師
每個環節都要親手控制，小心翼翼
而現在一切光環都被隔絕在外，黑暗、潮濕的地窖裡
葡萄要完成最後三毫米的推進
天堂並非遙不可及，再走十年而已

而同樣是酒類品牌的紅星二鍋頭卻只需幾個字，如文案：

讓乾杯，成為週末的解放宣言。

雖然文案的長度有很大差別，但不得不說，這兩則文案都是非常實際的。為此，我們特意在本書第五章講解了關於長文案和短文案的撰寫及適用方法。

傳統媒體時代，是把產品廣告強塞給使用者，用戶只能被動接受，在這種狀態下，使用者對廣告是非常反感的。但在如今社交媒體的時代，各種廣告充滿了娛樂和趣味性，像臉書、微博、產品動畫、視頻、活動宣傳單頁、戶外廣告、論壇帖等，到處都有廣告文案的身影。

但是，我們要如何進行基於社交媒體行銷的文案內容創作呢？裡面又有哪些好玩的方式？本書第六章專門分享了關於這方面的技巧。

生活中，人們總會忽略那些抽象的資訊，而對具體且形象化的描述更加敏感。比方身在台北的我們要向屏東的朋友描述這邊的颱風。

如果我們說：「哇！這邊的風真是太大了，呼呼呼的，鋪天蓋地！」一般對方很難有具體的感覺。但如果我們說：「哇，這邊的風太大了，吹得我家的SUV休閒越野車都上天了。」瞬間就可以在對方腦海中形成一幅具體畫面，並且讓朋友對颱風強度有一個明確的認識。而這就是文案視覺化的力量，在本書第七章將會提到。

一篇好的文案，在得到用戶的高度認可下，能夠釋放出巨大的能量，並為品牌帶來無限大的曝光率與轉化度。那麼一篇好文案究竟是怎麼寫出來的？有沒有秘訣可講呢？在本書第八章，我們通過對不同類型文案的描寫，以及相關技法的總結，用最簡單有效的方法告訴大家，想寫出創意文案，並沒有想像中那麼難。

我們已經知道，文案看起來雖然只是簡單的文字工作，但它卻能創造出巨大的商業行銷價值。那麼，我們要怎樣才能寫出優質文案，讓眾多消費者忍不住下單呢？仔細閱讀第九章，它會告訴你答案。

最後，網路時代的文案，一般都會受到其傳播媒介的影響。比如我們在論壇上發佈的文案可以灑脫，但發佈在新聞平臺上的文案就要一本正經。另外，我們會發現有的文案明明寫得很好，但轉發量就是不高。為什麼會這樣？我們在本書第十章，重點講述了文案的不同傳播媒介。

總而言之，這是一本內容豐富的書，包含了許多關於文案寫作的技巧和想法。如果你是作者、編輯、廣告公司文案寫手、企業家、銷售經理、市場拓展經理、產品經理、品牌經理、網路推手、廣告公司經理、客戶經理、宣傳人員、創意總監、自由職業者、公關專家或企業所有者，那麼這本書就是為你而寫的。

第一章 讓人尖叫的文案，靠的不只是靈感

因為煽情，所以走心

經典文案重播：二〇一四年最溫暖的文案行銷

在二〇一四年末的一次宣傳中，谷歌傳播的內容只有兩封很短的通信。一封是小女孩凱蒂為爸爸寫給谷歌的請假信，一封是爸爸的上司同意請假的回覆。其內容是這樣的：

「親愛的谷歌，你可以在我爸爸上班的時候，給他放一天假嗎？比如讓他在週三休息一天。因為我爸爸每週只能在週六休息一天。凱蒂。附筆：那天是爸爸的生日。再附筆：這是暑假。」

「親愛的凱蒂，感謝你的來信和你提出的要求。你的父親在工作上一直很努力，他為谷歌和全世界千千萬萬人設計出了很多漂亮的、令人欣喜的東西。鑒於他的生日已快到來，以及我們也意識到了暑期休假的重要性，我們決定讓他在七月的第一周休假一個星期。祝好！丹尼爾・席普藍克夫。」

案例解析：

在很多大手筆的文案宣傳戰中，策劃、代言、創作、投放、公關等，動輒就會花費數十萬甚至百萬千萬。但在這些高投入的同時，並不代表其傳播效果也是有效的。相反，如果我們能利用一些特殊的小事件、小動作，則有可能收到四兩撥千斤的效果。比如谷歌的這次宣傳，與其他品牌的大手筆相比，真的非常簡單並且樸素，但它的宣傳效果卻一點也不輸大手筆。

在整個文案故事中，我們可以把它概括為「小女孩凱蒂用蠟筆寫信給谷歌為爸爸請假，然後爸爸的上司回信同意了」。而就是如此簡單的一個故事，沒想到竟能在全球獲得廣泛報導，Facebook、Twitter等社交網路上也有大量轉載。截止到二〇一五年一月，這篇文章在美國知名平台Business Insider網站上已獲得八十多萬次的流覽量，而谷歌搜索到的相關記錄也超過七千五百萬條。

之所以能達到這種效果，是因為這個童話般的故事內容**充滿了正能量並且非常煽情，這種方式極易攻陷人們內心柔軟的部分**。另外，當人們看到小孩用稚嫩的筆觸寫的信和公司正式的回覆時，大多數人都不覺得它是一個廣告，所以無論是媒體編輯還是普通網友，都會主動轉發這條資訊。

期間，其標題選擇用「女孩要求谷歌放假，谷歌如何應對？」裡面含有小女孩、大公司、寫信、回應等幾個關鍵片語，能夠讓人們輕易產生點擊和分享的欲望。文章內容也很簡單，只是兩封真實郵件，卻包含了女兒、爸爸、上司、生日、責任、榮耀等資訊，而這些正是美國大片中一直在傳遞的元素，所以能輕易激發人們的轉發欲。

更何況，故事中的所述事件應該是屬實的，至於那兩封信是如何到了媒體手中，人們只會善意地相信那純屬偶然，而不會認為那是對方精心策劃的結果。結局毋庸置疑，它成功地用潤物細無聲的方式，在很多人的記憶裡留下了深刻的印象。

與文案手分享：

文案有很多規則，也可以沒有一定規則；它既要求與別人不一樣，也沒有必要特意與眾不同；既要異想天開，又要嚴密分析；要放開眼界，還要扣緊產品主題……這種悖論感，就像別克君越轎車（Buick LaCrosse）在文案中所說的：「**在別人喧囂的時候安靜，在眾人安靜的時候發聲。**」

一套備受好評，並且能夠打動人心的文案是美的，而這種打動人心的力量，就是來自於文字的力量，以及對時代和自身品牌的絕妙融合和詮釋。那麼，我們要怎樣才能寫出這樣的文案呢？

一、要有敏銳的洞察力

如果只是寫兩句煽情的話，或者是巧妙運用了排比之類的技巧，我們並不能把它稱為「走心」。因為在每個走心文案的背後，都有一個文案手敏銳的洞察力。

所謂「洞察」，就像隔洞窺視，能讓文案手發現消費者心底的秘密。曾有一名專業人士這樣描述「洞察」：強力的洞察能激發消費者的三重反應，即「啊！你怎麼會知道！」（**驚訝**）——「我也有這種感覺啊！」（**強烈的共鳴**）——「這麼多牌子，只有你懂我。」只有碰到用戶的痛點才算贏，其他都是輸。

二、要用消費者「錯誤」的思維去思考

社會的逐漸多元化，直接導致消費者的想法也變得多種多樣，這就要求文案手要

放下偏見，學會充分尊重對方。簡單來說，就是即便用戶喜歡臭豆腐味的牙膏，我們也要淡定地表示理解。比如「我害怕閱讀的人」這則文案，就是文案手使用了消費者「錯誤」的思維去思考而完成的。當時正值天下文化出版社廿五周年慶，活動邀請了奧美廣告來做推廣，動員大家多讀書。

但因為當時經濟發展很快，很多創富故事每天都在刺激人們的眼球，人們都急著工作、應酬、交際，根本沒有空檔靜下心來讀書。面對這種狀況，文案手並沒有利用「追求名利太疲憊，在書裡找回自己」、「富有的不該只是錢包，還有頭腦」這類常規的行銷訴求，而是先表示自己的理解。

然後又表示，那些做生意的人都免不了應酬交際，而那些博學的人總能從生意聊到茶杯再說到茶葉的發展歷史。這樣的人充滿魅力，能夠主導話題，也更容易獲得別人的尊敬和訂單。所以親愛的，多讀點書吧，小心被淘汰。而人們看到這樣的文案後，都表示願意接受。

總而言之，在這個用戶對文案的要求越來越高的時代中。如果沒有好的文案，品牌傳播的力量將會變得非常吃力，甚至會出現事倍功半的情況。因此，我們需要擺脫以前那種華麗的文案風格，變得更為樸素。這樣才能讓文案顯得更為「走心」，也更容易引起消費者內心的共鳴，品牌傳播才會產生意想不到的效果。

要的就是小曖昧的樂趣

經典文案重播：杜蕾斯二〇一六年一月一日文案

杜蕾斯的文案總是有點「汙」，而商家要的就是這種小曖昧的樂趣。就拿杜蕾斯在二〇一六年元旦的文案來說，其文案內容為：「祝大家新的一年震震日上，套套不絕，萬濕如意。」真的「汙」到讓人不忍直視。

案例解析：

許多人對「杜蕾斯」應該都不陌生，其文案內容上的幽默、時效性強等特徵，逐漸在文案領域上刮起了一陣「杜蕾斯風」。之所以會產生這樣的效果，與杜蕾斯的銷售節點、經常借勢等方面存在很大關係。

比如，杜蕾斯會針對每一季，甚至是每一款的主推產品來更換主頁圖片。這種方式與那些多年只放一張品牌形象圖片的企業相比，能夠讓人們在閱讀的時候，對其所推產品產生良好的認知，從而引發人們對新產品的好奇程度。而在長時間的潛移默化中，能有效讓使用者接受產品。

除此之外，杜蕾斯可以說是最會借勢的品牌。比如二〇一四年微博上市、李娜退役、馬伊琍文章事件等一系列熱門事件中，我們都能在第一時間看到杜蕾斯的身影。而像劉翔退賽、霧霾等熱門事件，杜蕾斯也都及時發聲。

不僅如此，與粉絲進行及時的溝通和經營，也是行銷重點。而這一點，杜蕾斯把握得非常精準。比如杜蕾斯的發佈時間，一般都集中在十點、十一點半、廿二點、廿四點這幾個時間段。很多人都無法理解，但這樣的發佈時間卻是有一定科學依據的。

根據人們的作息時間統計，上午十點，正好是上班族工作累了並會小憩的時間段；中午十一點半左右，是人們吃午飯的時間段；晚上廿二點是黃金檔節目剛好結束的時間段；而廿四點則是大多數年輕人臨睡前划手機的時間段。而在這個時間段，大多數人最願意做的事情就是看手機！

所以說，杜蕾斯之所以如此受歡迎，並不是偶然，更不是運氣。這和它的文案設計、借勢、互動、找準發佈時間等原因有著密不可分的關係。因此，我們在撰寫文案的時候，千萬不要忽視產品的行銷作用。

另外，很多文案手都表示，杜蕾斯文案的價值，並不在於其文案本身的內容，畢竟我們在網上同樣能看到各種充滿創意的文案形式。其價值在於，將這種文案形式有效的變成了自己獨特的品牌符號。

比如現在只要有什麼熱點一出，很多人都會好奇「不知道杜蕾斯這次又準備怎麼玩了？」像這種品牌符號，就成了杜蕾斯的品牌資產。之所以會如此，有專業人士表示，這是因為杜蕾斯非常善於將品牌的資訊植入消費者記憶，讓用戶在下次優先選擇它；善於擊中消費者痛點，促使用戶選擇；善於把產品綁定在某個場景中，在特定情形下激發人們對品牌的記憶。

比如杜蕾斯的「北京大雨鞋子套保險套」等文案，可以說它把握熱點之準、反響之快、創意之巧妙，都令人拍案叫絕。所以文案一經發出，一小時內就被轉發過萬，成為當年經典的行銷案例。

與文案手分享：

關於創意文案的發揮，一定要為品牌持續塑造競爭優勢，才能持續積累品牌資產。基於積累品牌資產的核心原則，創意文案的發揮主要有以下三點思考路徑。

一、創意文案是否符合品牌定位

對很多文案手來說，創意文案並不難構思，難的是如何關聯品牌。曾有專業人士表示：「文案想要打動消費者，就一定要有『衝突』，也就是我們經常提到的『消費者洞察』。」但是，很多文案手卻只記住了尋找「消費者洞察」，而忘記了同等重要的「關聯品牌」。

所以現實生活中，無數廣告創意在傳播之後，用戶也只記住了創意，卻沒有加強任何對品牌的認知。比如之前滴滴的一則視頻廣告：「滴滴邀請泰國神級導演拍了個廣告，不標題黨的說：我連看了三遍。」廣告內容非常有創意，也喚起了無數網友對「中國式相親」的共鳴感，但最後卻無法把它和滴滴建立任何關聯。

因此，文案手一定要謹記：**只有將創意文案關聯品牌，並影響用戶感受，最終才能促進產品的銷量**。

比如長城葡萄酒的文案，文案手就是將「葡萄」擬人化，在發揮創意的同時，完美地關聯了品牌的定位。再結合事實、資料、產品的資訊和賣點，品牌的理念和氣質，甚至意境、情感等，用「三毫米的旅程，一顆好葡萄要走十年」一句話就表現出來了。用戶在讀起這段文案的時候，就像在品聞一杯紅酒，有唇齒留香之感。

二、創意文案是否綁定了場景，植入消費者記憶

當文案手在發揮文案創意的時候，一定不要忘記「綁定場景」的重要性。比如宜

家為自己的落地燈寫的產品文案：「太陽早已落下，卻不願意將閱讀停下，也不願開大燈，通明的燈火會擾亂我的閱讀。只好提來落地燈，以它專注的光亮，帶我繼續回到書中。很快地，忘卻了適才的驕傲，忘卻了周邊的漆黑一片。只知道閱讀的心，逐漸地明亮光透。」

在這則文案中，文案手就沒有一味直白地誇宜家的產品有多好，而是通過「場景」的帶入，讓消費者自己去意識到產品的好。

再比如說當初紅極一時的「杜蕾斯套鞋」文案創意，就是杜蕾斯將保險套獨特的產品屬性與下雨天結合，成功地將品牌與場景植入消費者的記憶中。以至於到了今天，每當下雨擔心鞋子被濺濕時，該場景就會自動觸發用戶對杜蕾斯品牌的記憶。

三、創意文案是否形成了獨特的品牌符號

當文案創意既沒有植入明確的品牌定位，也沒有綁定明確的使用場景時，文案手就可以從產品的行銷形式上為其創造出獨特的品牌符號。

比如白酒品牌「江小白」的文案，就是一則非常好的品牌符號創意。在江小白「表達瓶」的手機互動頁面中，消費者還可以在上面寫下自己想說的話，或者上傳自己的照片，用於「定制」獨屬於自己的江小白「表達瓶」。更特別的是，如果誰的

「定制」通過篩選，還有機會被投入生產，成為這瓶江小白的「代言人」。

利用這種獨特的文案形式，江小白甚至不需要絞盡腦汁的設計痛點文案、提煉產品賣點，只要通過這種獨特的品牌符號，就可以讓消費者記住品牌並傳播品牌。

所以，品牌符號的本質意義，並不是為了表達產品的內容，而是為了能夠在行銷形式上持續積累品牌的資產，加強用戶對品牌的記憶。

利用情感實現共鳴

經典文案重播：讓愛回家

二〇一一年一月十七日春節前夕，一汽奔騰全媒體推廣的一則視頻廣告感動了無數國人：

鏡頭一開始，一個離家三年的年輕人準備開車回家過年，結果半途接到老闆的電話，要求他立刻趕回公司。之後鏡頭一轉，在他遠方的老家，低矮的平房裡，母親守著一桌菜，父親枯坐在門外。

年輕人獨白：「我沒算過這條路到底有多長，我只知道，我讓他們等了很久！」

廣告語：

- 別讓父母的愛，成為永遠的等待
- 讓愛回家，一汽奔騰

案例解析：

一汽奔騰的「讓愛回家」廣告，是一則讓人感到有些憂傷和酸楚的廣告。試想一下，年關將近，遠行的遊子心裡都惦念著「回家的車票還沒有著落」。在如此心境下，一汽奔騰突然說一句：「別讓父母的愛，成為永遠的等待。」心底泛起的酸楚和漣漪，總會不受控制地湧現出來，從而成功觸動無數春節返鄉人員的思鄉情結。

根據不完全統計，該視頻上線不到一周，總點擊量就將近一百萬。這雖然是一則投放於網路的視頻，但是製作水準相當精良，很容易讓用戶感受到其中的用心。

廣告中，一汽奔騰巧妙地選取了兩代人之間的關聯進行創意，借此明示「同心同愛，才是家」，從而實現與用戶的情感共鳴。在這方面，很多廣告都做得很好。

比如幾年前男裝品牌凡客誠品（ＶＡＮＣＬ）的「凡客體」，當時韓寒的文案一出，幾乎所有人都做了填空題，紛紛開始模仿「凡客體」。就是因為韓寒的「凡客體」擊中了「八〇後」的內心，讓他們產生了情感共鳴，從而寫出了屬於自己的「凡客體」。

再比如說，原創漫畫作者「偉大的安妮」因為一句：「對不起，我只過1%的生活。」也受到了大量的關注度，很多年輕人都被漫畫中安妮描述創業艱辛的情感所感動，並從心底產生了共鳴感。

那麼共鳴感是如何塑造的呢？為什麼有些文案容易讓人產生共鳴，感到自己「被理解」、「被支持」，而有些則不能？事實上，所謂的「共鳴感」就是：**文案中主人公所做的某件事，與我們記憶中的情境產生連接時，我們所產生的積極情緒的感受**。

比如有這樣一個故事：「一個失去雙腿的殘疾人在努力改變自己的生活，卻經常遭到正常人的羞辱謾罵。」

大多數人看到這個故事後，都會覺得「這個人太可憐了」、「很同情他」，甚至有的人會為之潸然淚下。但是，這些感覺都屬於「同情心」，而不屬於「共鳴」。因為我們大部分人都沒有失去雙腿的經歷，所以就無法跟自己記憶中的情境建立連接。當然，對於真正失去雙腿的人來說，就另當別論了。

但如果我們把故事改成：「一個失去雙腿的殘疾人，在加入殘疾人勞動營的第一天，被更資深的殘疾人羞辱謾罵，就連父母特意給他帶的麵包都被他們搶走了。」

這樣一來，大部分人就很容易產生共鳴了。因為「被資深的人欺負」並不是由「殘疾人」這個小眾人群帶來的，很多人都有過「作為新人被資深的人欺負」的經歷，所以很容易就能產生記憶連接，從而引起共鳴感。

與文案手分享：

一汽奔騰的「讓愛回家」文案，是一則成功利用人們的情感實現共鳴的文案。那麼這種共鳴感的創造，在文案中具體怎麼做呢？我們又該如何巧妙利用用戶的情境來創造這種共鳴感呢？

有專業人士表示，尋找用戶記憶情境中的某種阻礙，是一種最常見的做法。比如在蘋果Think Different廣告中，「與眾不同的人」存在的「阻礙」是：「**我們因為與眾不同，而不被周圍的人理解。**」

所以，為了創造與用戶的共鳴，我們要去尋找用戶記憶情境中的阻礙。這裡要謹記一點：我們是從用戶的記憶情景中尋找，而不是自己的記憶情境中尋找。在這個過程中，我們只需要為對方提供某種情感幫助即可。而根據不同的阻礙，最常提供的情感幫助有：

一、指出用戶所遭遇的困境

當用戶遇到一些困境的時候，正好是他情感最薄弱的時候。這時，我們甚至不需要付出什麼具體行為，只要替他們發洩幾句，就能與對方實現共鳴。

在此之前，我們要先找到用戶正在遭遇什麼困境。比如沒工作、經常搬家、單身、肥胖、皮膚差等。然後我們就可以指出這些遭遇的困境，並為他們說幾句話，如「你那麼努力，工資還不漲，老闆真瞎啊。」像這種把讚美的話和指出遭遇的困境結合起來使用，很容易形成強烈反差，讓讀者情緒更加激烈，從而引發其深度的共鳴。

比如某房地產的廣告文案：「**故鄉眼中的驕子，不該是城市的遊子。**」就是先讚美讀者，你是驕子，然後指出讀者的困境，你居無定所。該文案就是因為直接寫到了讀者的心窩裡，所以非常有共鳴。

二、對用戶說讚美的話

每個人都喜歡得到別人的誇獎，所以我們在文案中也可以通過讚美，與用戶達到情感上的共鳴。比如自然堂的廣告語「你本來就很美」，就打動了無數女性的心，讓她們在心裡也紛紛表示：「你說得太對了，我本來就很美。」

三、給用戶指一條「明路」

給用戶一個行為選擇，但是，在這裡我們除了要告訴用戶具體該怎麼做之外，還有告訴對方這條路的終點有什麼，比如「這條路的終點有微笑、有朋友、有希望」。

就像在NB推出的「致未來的我」廣告片中，一句「跑下去，天自己會亮」，讓無數喜愛夜跑的人心動不已。再比如某房地產的文案「朝生活賣萌，它就朝你笑」，也讓無數努力在外打拚的人把委屈的眼淚換成了微笑。

四、給用戶一個合理的解釋

對於用戶遭遇的問題，給對方一個合理的解釋。而所謂合理的解釋，其實就是用戶願意看到和相信的解釋。比如陌陌的文案：「**世界所有的內向，只是聊錯了對象。**」其實說白了就是在告訴用戶：不是你不善於表達，而是你沒遇到聊得投緣的。所以趕緊來陌陌吧，只要找到合適的聊天對象，什麼都不是問題。

所以說，要想寫出好的共鳴文案，我們就要先通過瞭解用戶對某個人或事的情感，並在我們的文案中表現出相接近的情感。如此，我們就能感染到用戶的情緒，實現和用戶的情感共鳴。

人格特質讓文案擁有「自傳播」的魅力

經典文案重播：二〇一三年獲戛納銀獎的椰汁廣告

如果一瓶椰汁會說話，它會說什麼？榮獲二〇一三戛納文案類銀獎的椰汁廣告文案是這樣寫的：

「我們椰汁所含的天然營養能幫助消化，進而降低體重。但這不意味著你可以隨心所欲地吃。舉個例子，吉娃娃狗和陶器就不可以。噢，我們竟然還需要做這樣的警告，真令人失望。我們的椰汁能顯著提升你的代謝。當然前提是你不是坐在那兒一動不動。除非你是個忍者。說真的，你真的是忍者？快，關注我們的Facebook。」

案例解析：

美國著名商業演說家斯科特・麥克凱恩在他的著作《商業秀》中提到：用戶最

希望從企業身上獲得七種「東西」，其中第一種就是企業的「可溝通性」。而使用者對產品的期待也是一樣的，尤其是在社會化的網路中，只有那些像「人」一樣「可溝通」的產品，對使用者才更具吸引力。

就像文案中這瓶會說話的椰汁，它就像一個有趣的人，用簡潔逗趣、活潑的話和人聊天。而對消費者來說，比起那些毫無生命的物品，當然更容易對一個形象豐滿、性格鮮明，並和自己有一定相似度的「人」產生感情，並保持一定時間的忠誠度。

另外，在很多消費者心裡，他並不是要買汽車，而是要買速度、地位、野心、權力；也不是要買化妝品，而是要買美麗、自信、回頭率，甚至是愛情。所以，我們如果能用文案把產品打造出一種獨特的人格特質，就足以打動一大批用戶的心。

尤其是在這個資訊爆炸的時代，網路的便捷和快速，讓很多高度重複的內容反反覆覆出現。這就要求文案手創作的產品文案不僅要具有「人」的特性，還要具備「自傳播」的能力，才能讓更多的使用者知道它、認識它。

與文案手分享：

我們知道，產品的人格特質對使用者有著很大的吸引力，從而讓用戶自發地對其進行傳播。所以，讓產品文案能夠「自發傳播」，才是它最理想的傳播和行銷方式。

那麼，究竟什麼樣的文案才能滿足「自傳播」的必備因素呢？

一、文案要有情感

在一篇名為《別跑，抓住文案的小情緒》一文中，作者特意提到：「**人有七情六欲，以『情緒』為切入點的文案往往很容易引起共鳴。**」如果我們把「情」這個詞語進行拓展，不僅可以是情緒，還可以是情感。就像很多文案手都知道，最好的文案都是走心的文案，而最走心的文案都是有感情的文案。

在那些轉發量超過十萬的文章裡，情感類的文章是最多的。而人性的情感，主要包括愛情、親情、友情。其中，愛情最容易引起讀者共鳴，也是最容易引發讀者喜怒哀樂等情緒的情感；親情最容易戳中讀者的淚點，比如遊子獨自一人在外，觸景生情等。因此，讓文案成為情感的代言人，是和用戶進行真心交流的有效途徑。

比如回家吃飯ＡＰＰ曾出過很多系列的海報，像吃貨箴言、「有人在點餐，有人回家吃飯」系列等，其口號就是「一切語言，不如回家吃飯」。該系列海報中的文案為「山東到福建，距離兩千公里。在這，不過一碗粥的距離。」、「除了給爸媽打電話，中午訂餐，是你唯一說四川話的機會。」、「每到飯點，兩站地的國貿，就變成三千人的小飯桌。」……

試想一下，一個二十多歲的年輕人，獨自到異地求學、工作，日常只有速食，家鄉菜是他在夢裡都久久想念的味道。看到這樣的文案，相信只要心裡所有觸動的人都會選擇關注一下這個ＡＰＰ。

所以，我們需要把文案當成情感的代言人，只要讓目標使用者能在具象化的場景中找到與自己相似的情感訴求，就能有效引發目標使用者的自傳播行為。

二、文案要有觀點和立場

每個群體都有自己獨有的標籤，比如「八〇後」代表前衛、張揚、自信、平等意識強；「九〇後」則被冠以個性、自我、獨立、活潑、自由等標籤。尤其在當今社會中，「八〇後」、「九〇後」已經成為各個產品的主要消費群體。他們有觀點、有個性，拒絕平凡、拒絕平庸，甚至拒絕一切隨波逐流。而這，也要求我們的文案同樣要有觀點和立場，能有態度地表達自我。

比如二〇一六年SK-II廣告「最後她去了相親角」，該廣告通過採訪數位大齡女青年，聊聊她們那個年紀最真實的感受，她們被父母逼婚、被親戚勸告，甚至被說成自私無情，社會給她們的標籤是「剩女」。

而SK-II作為日本頂級的護膚品牌，其目標使用者都是具有高消費能力的女性。

這次它站在「剩女」的角度去展現品牌理念，期望聲張一種「要主宰自己的人生」的觀點，以獲得大齡女青年的喜愛和同感。這就是一種幫助「剩女」這類人群表達自我觀點、彰顯自我態度的一種方式。

三、文案要有趣味性

如今的廣告文案形式千變萬化，卻萬變不離其宗，歸根到底，「好玩」才是王道。比如最近比較流行的「喪文化」，還有凱迪拉克創意的三十秒短視頻，都是在明確表達產品訴求的同時，又以標新立異脫穎而出。

就像微博上的「一句話毀掉小清新」，之所以能獲得很多「自來水用戶」的轉發跟帖，就是因為它的內容實質就是「神轉折」。比如「生活不止眼前的苟且，還有你前任的喜帖」、「春風十里，吹不動你」、「君問歸期未有期，紅燒茄子油燜雞」等，大多採用了正向的前句＋反向的後句，其中所產生的落差感、自吐槽、惡趣味等特質，文案也多以押韻、順口居多，從而更容易引發用戶的自傳播行為。

總而言之，**文案的學習和創作都需要我們經過日積月累的積累**，當我們的文案中能囊括情感、態度、趣味等因素時，也就不難誘導用戶去自發傳播了。

利用虛榮心給用戶「洗腦」

經典文案重播：有思想的年輕人在哪兒都不太合群

「有思想的年輕人在哪兒都不太合群。」

文案取自老羅英文培訓班海報，如下圖所示：

案例解析：

社會心理學家羅伯特・西奧迪尼在他的著作《影響力》一書中，從心理學的角度提出了六個能夠影響購買欲的「影響力誘因」，其第一條就是「比較」。

羅永浩親自授課
有思想的年輕人在哪裡都不太合群……
直到他們來到老羅英語培訓

比較的心理依據是「從眾效應」，因為從人類心理學的角度來講，沒有人喜歡被排除在外，所以人們會被一種尋求歸屬的需要所驅使。比如當我們和「同類」比較時，首先是想在同類中找到歸屬感，好讓自己知道自己沒有被排除在圈子之外。其次就是想要贏過別人，至少是在心理上，希望自己能產生一定的優越感，以滿足自己的虛榮心。

而對文案手來說，如果能掌握用戶的這一心理，將對文案的成功與否起到決定性的作用。因為人們的虛榮心無處不在，像買一塊手錶、買一部手機、買一輛車，哪怕只是簡單的辦公室零食，其背後都有可能有虛榮心的影子。

所以，文案手所寫的文案就需要抓住人們這些不便明說的「虛榮心」，給消費者建立一個順理成章的購買通道。

與文案手分享：

在文案中洞察用戶的虛榮心理，並滿足這種心理，看起來好像是一種不怎麼光彩的商業手段，但這並不妨礙消費者被這種廣告文案「洗腦」。

就像很多消費者都知道「明星從不會用自己代言的化妝品」一樣，可知道歸知道，這並不妨礙消費者在看過該明星代言的化妝品廣告後再買一套。而我們要想寫出這種帶有「虛榮心」的文案，一般可以通過以下幾種方式實現：

一、瞄準用户的優越感下手

每個人都希望能從自己的東西中找到一定的優越感，所以從這裡下手比較容易獲得用戶的喜歡。比如寶馬的文案：「在燃料讓全世界煩惱的時代，說開車是一種樂趣是否是一種不敬？」、「豪華轎車的設計理念是，富人都是勤奮的人。」、「有錢的人仍在花錢，只不過花得更明智。」

在寶馬的這幾句文案中，它並沒有用「奢華」、「至尊」、「特供」、「限量」等詞彙來打造用戶的優越感，但這樣的文案一出，同樣讓目標消費者覺得自己「優雅」、「有內涵」。所以，文案怎麼寫，主要還是要看目標使用者。如果我們面對的是一群「土豪」，相信直接用「彰顯尊貴」這類詞語更容易獲得用戶的喜歡。

另外，有些用戶並不會承認自己內心的那點小小的虛榮心，但在購買東西的時候，這種心理卻會清楚地暴露出來。比如某牙膏的文案：「留得清香在，不愁沒人愛」；某口香糖的文案：「美女不會再對你皺眉頭了」；某減肥機構的文案：「世界上只有兩種女人，一種是美的，一種是胖的」……

二、改變產品訴求

當一種新產品上市後，如果文案表示該產品能滿足消費者的某種需求時，消費者可能會因為「想要保持形象」的虛榮心，而無法公開自己的需求。這時，我們的文案就應該避開原有的訴求定位，並重新開闢一個新的定位。

就拿眾所周知的雀巢即溶咖啡來說，它在剛問世時一度遭到消費者的冷落。當時它的文案都是在表達即溶咖啡簡單、快捷、方便等優點，文案手覺得這些觀點非常符合消費者快節奏的生活需求。沒想到，當雀巢的文案投入市場後，人們雖然承認這種咖啡的優點時，但仍然會選擇購買其他的普通咖啡。

這是因為當時購買咖啡的用戶主要是家庭主婦，作為主婦，當然很想省事，以減輕自己的家務負擔，但當時的社會規範和輿論卻認為：一名為了圖省事而購買即溶咖啡的主婦不是好主婦。沒有人願意讓自己的身上標上「不是好主婦」的標籤，所以購買雀巢咖啡的人寥寥無幾。

後來，雀巢公司換了一套文案，把產品宣傳的重點轉變為強調「可以讓人們騰出更多時間和精力去做其他事情」，並強調即溶咖啡的味道和普通咖啡一樣濃郁純美。如此一來，不僅順利扭轉產品的品牌形象，主婦們也開始欣然購買了。

三、試著將目標使用者限定為一個群體

有的文案手可能會擔心：如果把目標使用者只定為一個群體，會不會限定產品的

使用者數量？事實上，即便我們在文案中表現出「只允許某一類人購買本產品」的意思時，其他用戶也不會真的對此「言聽計從」。

比如萬寶路，大家都知道它的文案核心是男子氣概，但如今會抽萬寶路的人卻不一定都是具有男子氣概的人。而那些不太「男人」的人之所以會選擇萬寶路，其理由也很簡單，就是對男子氣概的嚮往和自我標榜，簡而言之，就是心底小小的虛榮心在作祟。再比如說百事可樂，它的品牌文案定位為「年輕」，其文案訴求也在告訴人們「年輕人不喝那種老掉牙的可樂」。結果，不僅年輕人喜歡喝這種可樂，年紀大的人也喜歡喝，因為他們同樣想要追求年輕，證明自己沒有老。

最後，當我們的文案想要抓住用戶的虛榮心時，如果運用反其道而行的方式，其實是個不錯的辦法。簡單來說，就是不要說它的「尊貴」，而要講講它的「不尊貴」。比如芝華士的廣告：「假如你還需要看瓶子，那你顯然不在恰當的社交圈裡活動。」、「假如你還需要品嘗它的味道，那你就沒有經驗去鑒賞它。」、「假如你還需要知道它的價格，翻過這一頁吧，年輕人。」

在這幾句文案中，芝華士並沒有針對自己的目標使用者，而是在對那些買不起的人說話。但是，它的每一句卻都在暗示用戶的「闊氣」和產品的「高貴」，讓它真正的目標消費者從購買中獲得「虛榮心」上的滿足。

用聲音傳播產品資訊

經典文案重播：華帝集成廚房廣播廣告文案

華帝集成廚房十秒廣播文案：

窮比廳堂，富比廚房。華帝集成廚房，集廚具之大成。

華帝集成廚房三十秒廣播文案：

蟑螂：我是蟑螂，我最近餓壞了！我住的地方換了華帝整體廚房，一點髒東西都沒有，好可憐啊！看來又得搬家了……人們怎麼都用華帝整體廚房啊？

女：擁有一套整體無污染的廚房吧，漂亮、健康，就連老公也愛下廚房！

案例解析：

廣播廣告的最大特點，就是單純運用聲音來傳播廣告資訊。這種方式雖然具有迅速、方便、靈活等優點，但也有很多不足，比如保存性差、選擇性小等。所以，文案手在撰寫廣播廣告文案的時候，首先要在聲音的表達上下功夫，爭取創作出清晰明朗、容易記憶的廣播廣告文案。

而廣播廣告的聲音主要包括有聲語言、音樂和音響三大要素。其中，有聲語言是廣播廣告的核心部分，像產品或企業的廣告資訊，都必須借助有聲語言才能傳播到聽眾那裡。所以，在一則廣播廣告中可以沒有音樂和音響，但絕對不能沒有有聲語言。

廣播廣告中的音樂主要是為了創造優美的收聽環境，以達到渲染廣告氣氛的作用。尤其是情感訴求類的廣播廣告，如果沒有音樂，很容易使廣告語言變得單調和乏味，但配上一曲令人難忘的樂曲後，就能使廣告更具感染力。

廣播廣告的音響，主要是為了給廣告創造現場感，以便把聽眾帶入特定的情景中。它主要包括自然音響，如海浪的喧囂聲；環境音響，如機器轟鳴聲；人物音響，如掌聲、笑聲、喧鬧聲等。

在瞭解廣播廣告的基本要素後，文案手還需要對其播放方式有一定的瞭解，方便我們撰寫出更符合產品特點的廣告文案。

廣播廣告的播放方式有三種，即：

1由播音員根據廣告的主體內容，通過或平和，或激動，或假裝不明白地自問自答等方式，直接播讀文案稿。

2由男女播音員各飾一角色，通過一問一答、安排情節、插科打諢等方式，直接介紹廣告的主體內容，以取得聽眾的信任。

3通過人聲語言表演的形式，如相聲、快板、說唱、大鼓、小品、講故事、戲曲片段等，來傳播廣告的主體資訊。

與文案手分享：

廣播廣告文案與平面廣告、電視廣告等表現形式不同，它是一種只憑藉聲音來傳遞資訊，從而廣而告之的聽覺廣告。所以，文案手在進行文案創作時，必須樹立「適聽」觀念。

一、為「聽」而寫

由於廣播廣告主要是依靠「聽」來傳播資訊，所以文案手需要善於挖掘和利用廣播媒介「聽」的特性。比如加入有趣的對話、生動的音響等豐富的聽覺素材，讓廣告更具吸引力。然後再將廣告與目標使用者日常生活中的聽覺經驗結合起來，引導他們認真地「聽」。要想達到這些目的，我們可以從以下幾點入手：

●掌握有聲語言和書面語言的差異性

廣播文案的目的是傳播資訊，那就要讓聽眾每字每句都能聽得清、聽得懂，並能正確理解廣告創意。這就要求我們在撰寫文案的時候，對其語言要認真精選、反覆推敲，避免使用諧音詞、同義詞或多義詞，以及那些容易產生歧義和誤導性的詞語。

比如「向前看」和「向錢看」；「傷風」和「商風」；「致癌」和「治癌」等，都非常容易使聽眾產生誤解。所以，我們必須把它換成那些準確且無誤的詞語。

除此之外，選擇使用廣播廣告傳播資訊的產品，最好是一些與人們的物質、生活密切相關的商品，這才容易說得清楚、聽得明白。像有些高科技消費品，裡面大多都會包含一些符號和外文字母，如果單純地用聲音來解釋，是非常不易的，因此這類商品並不適合廣播廣告推廣。

●要注意語言的親和感

為了增加廣告的真實感和形象性，廣播廣告一般都會採用人物對話和人物獨白式的文案。再加上播音者還需將人物的形象、個性、情緒、感情色彩等傳達給聽眾，以表現出生動、真實可信的人物形象，而不是那種一出場就擺出推薦產品架勢的方式。

所以，我們在撰寫文案的時候，要善用人類的聽覺形象，使受眾能產生聯想，使其產生身臨其境的感受。

比如獵犬牌防盜報警器的廣播廣告文案：

（音樂渲染出驚恐的氣氛）

（沉緩地）一個寂寞的深夜。

（音樂繼續，低沉的腳步聲響起）一個竊賊的身影。

（音樂繼續，突然響起警鈴聲）一鳴驚人的警鈴。

（音樂繼續，急促有力的腳步聲）一聲威嚴喝令：「住手！」一名落網的慣犯。

「帶走！」（一陣遠去的腳步聲）

獨白：防盜保險，請用獵犬牌防盜報警器。獵犬牌報警器保您的文件和財產防盜、安全！

這篇廣播廣告就運用了形象感極強的文案語言，再加上音效和音樂的渲染，為聽眾營造了一個捉拿盜賊的情景。其中，低沉的腳步聲和響亮的警鈴聲，更使聽眾彷彿置身其中。

二、廣播廣告文案的寫作要求

廣播廣告文案的寫作除要遵循文案的一般規律外，還要遵循廣播的特殊規律。所以，我們在撰寫廣播文案時，要做到以下幾點：

●需要適當重複

廣播廣告具有聲音稍縱即逝的缺點，為了補足這一點，加深聽眾的印象，廣播廣告文案可以在品牌名稱、產品賣點和聯繫電話等關鍵字眼上適當重複。比如三星照相機《教學篇》的廣播廣告就採用的這種方式：

（男）老師讀：S-A-M-S-U-N-G，SAMSUNG
（女）學生譯：三星
（男）老師讀：C-A-M-E-R-A，CAMERA
（女）學生譯：照相機
（男）老師讀：SAMSUNG CAMERA
（女）學生譯：三星照相機
（男）老師讀：SAMSUNG CAMERA IS VERY GOOD
（男、女）齊說：三星相機最棒
音樂起，伴隨厚重的男聲：SAMSUNG CAMERA

在這則廣播廣告中，文案手為了強調三星照相機的品牌，就是通過老師給學生上課為創意點，讓三星的品牌巧妙地進行多次重複，從而達到加深聽眾印象的目的。

●要注意突出品牌形象

塑造品牌形象，是廣告最直接的目的。但因為聽眾無法直接見到產品以及產品被使用的情境，所以廣播廣告需要更注重氛圍的營造，引發聽眾的想像，從而使產品的形象在目標使用者的頭腦中豐滿起來。

比如華潤油漆的廣播廣告文案：

工地上嘈雜的轟鳴聲

獨白：選油漆，我們就用華潤的，品質上乘，綠色環保，關鍵人家把咱老百姓的安全當回事！選健康，當然選華潤！

旁白：華潤漆，漆業真專家！

最後我們要注意一點，受廣播廣告規格的限制，如果按照每分鐘一百七十字的普通語速計，一般三十秒的廣播廣告可容納八十五個字，十五秒可容納四十五個字，五秒最多容納十五個字。所以，廣播廣告的文案撰寫，一定要通俗口語、便於播音；提示商標、適度重複；形象生動、親切感人。這要求文案的語言要少做作、少粉飾，不要誇張和空洞。

第二章 驚鴻一瞥的標題，來一個！

從標題打開「好奇心」的缺口

經典文案重播：杭州偶遇王思聰開公車

二〇一六年十二月，一篇名為「杭州偶遇王思聰開公車」的文案標題瞬間吸引了大家的注意，然後快速獲得了無數人的點擊。

看過內容才知道，原來是某網友曬出了一張杭州公車司機的照片，該司機小哥與王思聰「神撞臉」，簡直就像是王思聰失散多年的「哥哥」。

網友拍下照片後還特意@王思聰，戲稱：「體驗人間疾苦去開公車了。」

案例解析：

文案的標題，一般要向讀者展示一個特殊的、有興味的形象小場面，然後用簡潔的筆墨介紹背景或問題。如果你想讓別人閱讀你的文案內容，就必須激發對方足夠的好奇心。因為只有可以引發人們好奇心的廣告文案，才會吸引很多來人來點擊閱讀。

比如，益生堂三蛇膽的文案標題：「益生堂三蛇膽為何專作『表面文章』？」、「上火啦」、「戰『痘』的青春」；佳百娜紅葡萄酒的文案標題：「今晚，你準備『親吻』佳百娜嗎？」、「佳百娜五歲了，尚未開封」；還有一致全家福的文案標題：「今天請倒過來看廣告——一致全家福到了！」……都比較符合新奇性的特點，能夠有效勾起他人的好奇心。

被稱為「廣告怪傑」的大衛・奧格威說過：「**閱讀標題的人數是閱讀正文人數的五倍。除非你的標題能幫助你出售自己的產品，否則你就浪費了百分之九十的金錢。**」所以，我們需要給文案設定一個好「缺口」，以吸引人們的注意力並順勢閱讀下去。而「好奇心」就是能打開「缺口」的有效方式。

這裡涉及一個「好奇心缺口」的問題，這個說法來自美國卡內基梅隆大學行為經濟學家喬治・洛溫斯坦。在他看來，當我們覺得自己的知識出現缺口，即想知道什麼事情卻不知道時，好奇心也就產生了。

與文案手分享：

既然「好奇心」是讓讀者點開文案的不二法寶。那麼，到底使用什麼樣的標題才能打開讀者的好奇心缺口呢？

一、使用能夠刺激大腦的詞語

有專業人士表示，像寫新聞那樣寫標題是一個不錯的方法。比如在標題中嵌入「令人驚奇的」、「強烈推薦」、「忽然」等這類詞語，能夠直接刺激人類的神經，從而激發對方的興趣。

而根據Takipi管理服務的調查顯示：在標題中使用「驚人」和沒有使用這個詞的文章比起來，社交網路上的閱讀量和轉發量都有很大的增加。為什麼這個詞會有如此強大的效果？

根據專業廣告人葛列格里・伯恩斯的說法：「這意味著我們的大腦覺得突如其來的驚喜更有價值，這跟人們說自己喜歡什麼沒有太大關係。」因為我們的大腦更喜歡出人意料的內容，所以像這種具有未知意義的詞彙更容易刺激我們的神經。所以，在面對這個詞語的時候，即便我們對事情本身並不感興趣，也會為了滿足自己的好奇心多停留一會兒。

由此可知，如果我們的文案中有「新聞」要發佈，不要藏在正文裡，直接在標題裡說出來。比如「Twitter話題標籤的驚人歷史和四種充分利用標籤的方式」、「Instagram八大驚人最新統計最大化地發揮了圖片社交網路的作用」等，都是能夠引起人們「八卦」心理的文案題目。

二、巧用戲劇化的效果

通過在文字中展現正反比的形式，就是一種以戲劇化的效果引發讀者好奇心的方法。比如西泠冰箱的「今年夏天最冷的熱門新聞」；健力士黑啤酒的「怕黑，那不是白白地活著嗎？」香港硬石餐廳的「HARD ROCK只有一天穿衣規則，請勿遵守規則」……

像這種在標題中製造意外的方法，對讀者來說，是能夠吸引對方注意力的第一步。當然，我們要注意，千萬不要為了讓人意外而意外，如果我們的標題無法讓人聯想到產品，那即便標題再如何新穎，也是失敗的。

三、利用人們的逆向思維

利用讀者的逆向思維，就是利用對方的「逆反心理」。比如當某文案的題目中出現「千萬不要往下看」這類文字的時候，請你相信，這一句話是能夠引發讀者心理上、思想上的小小波瀾。他會想：這麼一段內容，你開頭就告訴我「千萬不要往下看」，到底是什麼內容？到底是為什麼呢？

更何況，大多數人都有一種「逆反心理」，就是我們越不讓他往下看，他越是想往下看。像「這個千萬別看，我是認真的」、「做一個不好相處的女人」、「我突然不想做一個安靜的美男子」等標題，都是利用逆向思維來吸引大家的眼球。

總而言之，我們一定要記住：標題是我們這個文案的廣告，沒有做好這個標題，就沒有人會來看我們的廣告內容，廣告內容沒人看，就相當於我們在做無用功。

最後還要注意一點，請別用那些沒有針對性，僅僅只是為了能夠吸引眼球的標題，這只會讓人覺得我們在扭捏作態或故作機靈。所以，請謹記：**我們文案標題不僅需要吸引很多眼球，更需要吸引合適的眼球。**

把用戶想要的結果提煉在標題上

經典文案重播：好彩香煙的廣告語

結束了休假式治療的Draper回到公司後，發現自己原先的女下屬變成了上司，還被要求要在週末兩天的時間為一個品牌寫廿五條商業廣告語。這原本是不可能完成的任務，Draper卻仿如繆斯附體、文曲星下凡一般，用一個上午的時間就寫好了，其中就包括為好彩香煙寫得那條流傳至今的著名廣告語：「It's toasted, you are OK.」到今天為止，這條廣告語依然被印在好彩煙盒上。

案例解析：

每個優秀的文案手都知道，別人之所以會看我們寫的文章，是因為我們的文章有價值。所謂「有價值」，就是讀者看到這篇文章的題目後，能知道自己將從中得到什麼好處，這樣讀者就很容易判斷這個文章是不是對自己有用，要不要點進去看看。好彩香煙的這條廣告語正是如此，一句「你可以」更讓人們得到了自己想要的結果，進而廣受大家的好評。

馳譽世界的廣告宣傳與銷售培訓大師德魯・埃里克・惠特曼在《吸金廣告》中也說過：「**把產品最大的好處放在標題裡。**」因為讀者無論在瞭解一個產品還是閱讀一篇文章的時候，都會下意識地思考：「這對我有什麼幫助？」如果對方掃了一眼標題後，覺得和自己沒什麼關係，那這篇文案就會被放棄掉。

與文案手分享：

寫好一個標題，是文案手的基本素質之一，標題的好壞與能否激起用戶的點擊閱讀興趣有著直接的關係。而寫好一個標題，也意味著我們已經知道整篇文章該怎麼寫了。要想直接把用戶想要的結果提煉在標題上，我們可以遵循以下兩點原則：

一、給用戶最直觀的感受

無論是寫一句企業宣傳語，還是寫一段文章，我們寫文案的目的，都是為了讓別人去進行分享，以形成第二次、第三次的再傳播。

而百分之九十九失敗文案的共同特徵，就是總說些用戶不明白的話。比如一個美國外教線上教學的產品在做推廣時，如果它寫「本產品經過國家教委批准」、「國內唯一指定……」、「通過ISO9001認證」……說這些根本沒用，因為用戶對這些沒有直接的感受，不知道自己能從中得到什麼，更不會和身邊的人說起它。但當它在廣告中說：「在這兒上課就跟你在美國一樣。」不僅一下就讓用戶明白其中的意思，還會說給別人聽。

要知道，太過於書面化的文案可能適合用戶去讀，但他絕不會在生活中也這樣說話，更不會把這句話說給別人聽。這也是為什麼生活中的大多數人，都不會選擇用書面語來傳播和交流的原因。而一旦發生這種狀況，我們想要傳播的資訊也就斷了。

二、讓用戶看得懂

讓目標使用者看懂，是為了對資訊進行更好的推廣。比如某大媽在社區裡跟其他大媽說：「今天美廉美超市買五升魯花花生油，買二送一啦。」因為這個文案的資訊很明確，讓人一聽就明白，所以眾大媽會奔相走告。但如果超市的活動寫出「在超市購物有神秘禮物贈送」這種資訊，難道要讓大媽甲悄悄跟大媽乙說：「你知道嗎，今天超市有神秘禮物贈送。」聽起來不就很怪異嗎？

像這種「讓用戶看得懂」的文案標題，有人特意總結出這樣一個公式：「誰」+「怎麼做」+「可以得到什麼好處」。

拿一篇名為「今天做人流，明天就上班」的廣告標題來說，「誰？」要做人工流產的女性；「怎麼做」做人工流產；「什麼好處？」明天就能上班。直擊目標使用者想要的結果——明天就能上班。畢竟對很多需要的女性來說，人工流產就是心病，怕被大家發現，這類人想要的結果是什麼？想明天就能上班！

但如果文案手換一種說法，把標題寫為「最高超的人流技術，××醫院」，對目標使用者來說，這篇文章並不能解決自己目前的問題，它不能讓自己明天就能去上班，也無法幫助自己儘快解決這個煩心的事，所以這篇文章就會被直接「pass」掉。

我們寫文案，就是為了讓大家看到之後，還很樂意把它說給別人聽。所以，我們要避免寫一些像「鮮為人知的秘密武器」這類自娛自樂的文案標題。因為這些題目寫出來後，除了你自己，誰也不知道它在說什麼，更別提還要把它說給別人聽了。

把標題場景化

經典文案重播：是時候來Silberman's健身中心了

Silberman's健身中心曾以「是時候來Silberman's健身中心了」為標題做廣告推廣，該廣告如下圖所示：

案例解析：

Silberman's健身中心的這則廣告選擇用一個胖子做代言，再利用看板的傾斜角度形象地告訴用戶：「再不減肥，看板都要倒了。」這則廣告就是用場景化的廣告語，清晰地抓住了眾多胖子的痛點，讓人們下定決心減肥。

現實生活中，我們每個人都有的生活場景，如擠公車、看球賽、吃飯、減肥、跟老公撒嬌、偷看美女……如果再細分到每個人的不同職業，比如一個文案策劃，就需要每天「燒腦」做PPT、Demo等。所以說，作為一名文案手，我們越瞭解用戶生活的真實場景，寫出的標題就越容易擊中用戶的內心，文章的點擊率自然也就越高。

而帶有場景化的標題一般都是這樣的：「寫給誰」＋「目標使用者痛點」。比如農夫山泉的廣告語「我們不生產水，只是大自然的搬運工」就成功擊中了用戶的痛點，農夫山泉整個文案都沒說自己是「純天然」的，而是給了大家一個感性的場景畫面，直接把純天然的水搬運給用戶，沒有任何添加劑，絕對安全。

試想一想，如果我們把這個文案換成「純天然礦泉水，選擇×××」，作為消費者的你能想像到它是怎麼一個純天然法？估計不少人都會表示：「哦，我還是喝大自然的搬運工那款吧。」

所謂場景化的標題，就是設計一個產品的使用場景，讓使用者能通過場景進一步認識產品。當用戶遇到同樣的場景時，就會自然的腦海中想到該產品。比如「怕上火就喝王老吉」這句廣告語，因為它所使用的場景就是去火，那麼當我們上火的時候，腦海中想到的就是王老吉而不是祛熱藥。

另外，同樣的產品在不同的場景裡，所代表的意義也是不同的。就拿白酒來說，它在不同的場景中，性質也會隨著不斷變化。比如放在超市裡，它是一件即將出售的貨物；放在藥店裡，它是一瓶藥酒；送給親戚朋友的時候，它又變成了一件禮物。

就像「送長輩，黃金酒」的黃金酒就是極具場景化的文案標題，它把黃金酒的產品場景定位得非常清晰。最明顯的地方就是，當我們去超市買一瓶自己喝的酒時，很少會有人買黃金酒，但當我們要買點酒送長輩時，選擇它的可能性就會很大。

所以，文案手要學會給我們的標題定位，也就是讓標題更具場景化。這樣的定位，能夠讓目標使用者快速在眾多資訊中找到你，就像圖書館的圖書編碼一樣。而現實生活中場景無數個，我們只需要找一個屬於文字自己的場景即可。

與文案手分享：

場景化對標題有著不可代替的作用，下面，我們就來具體瞭解一下場景化標題的各個方面：

一、場景化標題的魅力和特點

●具有強烈的代入感

場景化的標題之所以能夠充分調動起讀者的情緒，很大一部分原因是它具有很強的代入感。就像我們在看小說、電影的時候，總會在不經意間將自己想像成故事裡的主人公，時而為他們感到高興，時而又為他們的不幸遭遇落淚。

比如愛迪達和Nike每年都會簽一批ＮＢＡ大牌球星，並為他們奉上數以億計的大合同，其實就是在利用球迷的代入感。當球迷穿著和偶像一樣的鞋子時，就會產生一種心理暗示：「我可以像喬丹、科比一樣，投中那些絕殺球，並帶領球隊獲勝。」

●場景化的定位都是從「小」入手

場景化的文案標題通常描述的都是某人的經歷，比如之前豆瓣評分很高的《血戰鋼鋸嶺》，就是通過醫務兵來體現血濃於水的戰友情，以及人與人之間的信任和人間的大愛。但這種「大愛」恰好由一名小小的醫務兵來體現，才會激起觀眾的情感。

我們在寫文案標題的時候同樣如此，因為用戶已經厭倦了那些毫無吸引力的大道理，所以在題目中講個普通人的故事，並賦予其情感，才更容易獲得用戶的青睞。

●場景裡會產生共鳴

共鳴感的產生，在一定程度上是基於受眾也有同樣的經歷，從而產生了相同的情感。所以，我們在寫標題時要儘量去揣摩讀者之前的經歷、情感，以便和他們產生共鳴。讓讀者看到我們的文案標題就能產生「哎呀，他說出了我的心聲」的感覺，從而對文章內容進行點擊閱讀。

比如聚美優品的經典廣告：「你只聞到我的香水，卻沒看到我的汗水」、「你有你的規則，我有我的選擇」、「夢想，是註定孤獨的旅行，路上少不了質疑和嘲笑，但那又怎樣。哪怕遍體鱗傷，也要活得漂亮」……

很多年輕一代看到這個廣告後，都會有一種「說到我心坎裡」的感覺。廣告講的是代言人陳歐自己的故事，但文案中提到的「質疑」、「嘲笑」、「孤獨」等，卻都是我們在成長路上都會經歷的事情，自然可以感同身受，產生共鳴。

二、如何去設計一個場景化

●先找到可支援產品的使用場景

這需要我們對產品有充分地瞭解，比如要知道產品的客戶是誰？他們在哪裡聚集？有哪些需求？他們最迫切的需求是什麼？再根據產品的功能、形狀、口味、延伸功能等基因，找到相對應的多個消費場景。比如剃鬚刀便於攜帶的特點，我們就可以設計一個裝進口袋的場景等。

●找到產品的現有競爭對手

對現有競爭對手的梳理，主要是為了讓我們避免去做雞蛋碰石頭的事。一旦遇到強勢的對手，我們還可以選擇另外一條路。畢竟，生活中的使用場景是非常豐富的。

●確定產品特有的場景

對特有場景的確定，是為了強化用戶的心智。但是，我們在使用場景的時候要切忌「貪多」。比如我們需要為一款飲料設計場景，表示它能提神、能養顏、能補腦、能降暑……這款產品看起來無所不能，但對於用戶來說，都是沒有用的。

也就是說，即便我們的產品功能再強大，我們也只需要選擇一個最符合自己的一個特定場景即可。然後將這個場景中的最大痛點描述出來，我們就可以佔領消費者的心智，從而引發傳播和銷售。

最後，場景化的標題，主要是為了給用戶提供一個消費提示。當用戶遇到這個場景的時候，就等於得到一個提示，也更容易讓使用者對該產品產生購買欲。簡單來說，標題的場景化就是要建立一根連接使用者和產品的線。一旦線的一端被觸發，用戶就會走向另一端，也就是最終的消費。

用新穎的觀點做標題

經典文案重播：家裡這些東西居然比馬桶還髒！百分之九十九的人還不知道！

看到這個標題後，很多人都會覺得詫異：「還有什麼東西是比馬桶還髒的呢？難道是垃圾桶？這麼驚奇，我要趕快看看。」看過內容後才知道，原來我們家裡的筷子、鍵盤、手機、砧板、牙刷等都是非常髒的東西，摸完後一定要洗手！

就拿筷子來說，有資料顯示，近百分之五十的人體內都有致胃病的幽門螺旋桿菌存在，這些細菌大多都是家庭傳播，而筷子正是重要的傳播管道之一。再加上家用筷子的使用頻率高，且長期用水洗滌，導致筷子的含水量特別高，很容易產生黃色葡萄球菌、大腸桿菌等細菌。如果長期使用，會很容易染上肝炎、痢疾、急性胃腸炎等消化道疾病。因此，筷子最好能每三個月到半年就更換一次。

再說手機，有檢驗結果顯示，手機每平方釐米駐紮的細菌約有十二萬個，超過一個門把手、一隻鞋的細菌量，主要被污染部位為手機按鍵部。誰能想到，一部手機上竟然有這麼多的致病菌，喜歡一邊玩手機一邊吃東西的人要注意了！

案例解析：

如果說內容是一篇文案的靈魂，材料是文案的軀體，那麼標題就是文案的眼睛，它是文案靈魂的再現，更是軀體的焦點。所以，寫文案，一定要擬一個好的標題。好的標題有著非凡的作用，它能引起讀者閱讀正文的強烈願望和極大的興趣。

比如有篇叫「北京城的地下埋著什麼」，乍一看這個標題，就給人一種神秘之感，讓人忍不住想點擊。事實上，此文原標題「走進地下城」，改標題後一經發出，每日點擊量都很高，持續了一周的高點擊量才開始下降。這就是採用新穎的觀點做標題的作用。

與文案手分享：

如果我們能給一篇文案擬定一個新穎別致的好標題，不僅能讓文案增色不少，還能有效吸引讀者的目光，令他們產生耳目一新的感覺，進而對文案的閱讀量和轉發量都會起到非常重要的作用。對於觀點新穎的標題，我們一般有三點要求，即：求「新」、求「異」、求「真」。

一、刻意求新，不落窠臼

文案要「新」早已為人所共識，而作為文案之「眼」的標題同樣如此。有時我們為了擬定一個好的文案標題，往往要寫幾十個題目，以便能從中挑選出最具新意的。比如「大便能治你的病」、「唾液可以讓你更健康」這樣的標題。因為它能有效激發讀者對真相的渴望，讓讀者能像科學家一樣自由探索，所以更容易獲得人們的關注。

二、生動形象，以「趣」引人

要使文案標題博得讀者的興趣，就需要在「趣」字上下功夫。比如《羊城晚報》上曾有過一則報導，標題是「老闆變卦，空姐變臉」，這則標題的語言就非常諧趣，並且生動貼切，讓讀者對其內容立刻產生濃厚的閱讀興趣。當然，我們提倡趣味性，但並不是為了趣味而趣味，像那種以離奇、庸俗、低級趣味去迎合部分讀者口味的做法，還是少用為妙。

三、標題的語言要秀麗

語言美妙、句子傳神的標題，能夠讓人產生樂意一看的情感。所以，我們在寫文案標題時，最好能講究點文采，儘量把標題寫得妙趣橫生、情景交融、興味盎然。比如上海《文匯報》曾作過一則標題就深受行家讚賞，該標題為「唐韻一曲驚四座，梅師知音識良才」。

一般情況下，只要我們撰寫的標題能達到以上幾點要求，相信我們的文章定能獲得讀者的關注。

WHCB法則是文案手的福星

經典文案重播：午拍：女朋友處於十八到四十歲的男生要注意了

「午拍」是微信上發起的一個線上拍賣項目。在這上面，讀者可以通過拍賣獲得數量有限的新鮮生活體驗；品牌可以通過拍賣嵌入品牌資訊進行宣傳；《城市畫報》微信則通過拍賣獲得拍賣收益或品牌宣傳的費用。

這篇文案的本質是經過精心策劃的廣告，但在看到這樣一則文案標題後，相信能無視它的人並不多。所以文章的點擊量一直居高不下，粉絲的參與度也非常好。

案例解析：

廣告教父奧格威曾說過：「**標題是大多數廣告最重要的部分，代表著一則廣告所花費用的百分之八十！**」此話一出，瞬間讓無數標題黨活躍起來，為了寫出有趣、吸引人、讓人想立馬點開的標題可謂煞費苦心。

像上面的「午拍」就是一個典型的案例，再比如曾在朋友圈中火爆一時的「很多人在畢業多年後的同學會上跟老同學墜入愛河」。這篇文章直接摘選了一本雜誌上的情人節特刊——「廿四種進入愛情的方式」中的一篇，原標題叫「她的時間特別慢」。在微信上發出的時候，直接把文章中的第一句話改為標題名稱。很明顯，與雜誌上的原標題比起來，這個標題更加直觀，也更適合於網路閱讀。

當我們擬定的文案標題能做到這幾點，即吸引用戶的注意力；有新鮮出爐的新聞；能引發人的好奇心；能讓人打開內容讀下去，那基本上就能讓大部分讀者感興趣，並能打開內容看看裡面寫的是什麼。

要想讓標題達到這樣的效果，有專業人士特意總結了一套WHCB法則，以幫助文案手們能更快地寫好標題。

與文案手分享：

有專業人士將WHCB法則分為感性和理性兩個維度，具體如下圖所示：

下面，我們就來具體瞭解一下什麼是WHCB法則？

一、W——情感喚醒

作為文案的臉面，標題必須能刺激到別人，只有喚起用戶的情感並激發其興趣，才能讓對方將目光聚焦到我們所寫的文案身上。對大多數人來說，與人有關的懶惰、色欲、貪婪、好

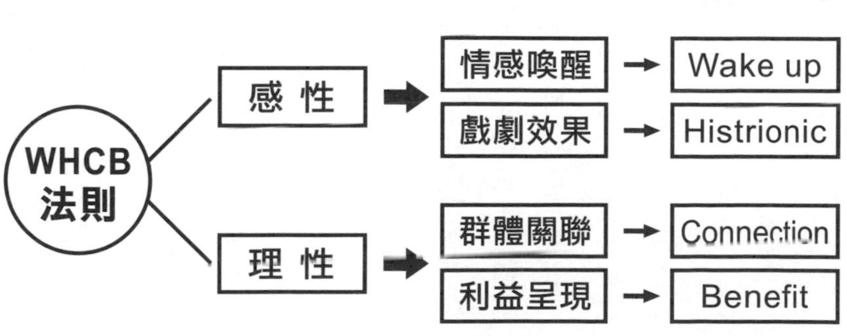

奇、恐怖等情感，更容易起到推波助瀾或緩解情緒的作用，而這些，正是每個人的興趣點。另外，態度鮮明的觀點或挑戰權威的看法，同樣可以讓人的情感產生反應。

比如「未成年人用品，口味果然獨到呀！」、「焚燒的紙錢，祖宗收到了嗎？」、「自斷經脈的打工族，如何利用擠地鐵時間成功上位？」、「你還在搬磚？他用這個方法已經躺著把錢賺了」……像這種能夠讓人產生感情、引發共鳴的場景，就屬於能夠喚醒用戶情感的標題，所以它們的點擊量和轉發量都不錯。

二、H——戲劇效果

標題中的戲劇效果，主要是為了讓人眼前一亮。要想做到這一點，我們就需要在標題中製造衝突點，以帶動用戶的興奮點和好奇心。比如「剛畢業的實習狗，為何讓工作三年的你下不了台？」、「直播睡覺爆紅網路，有沒有傷到默默無聞的你？」……

另外，我們還可以把一些常規的事情非常規說，非常規的事情常規說，或是讓物品擬人說話等，讓人產生新奇的感覺。比如「優雅拒絕加班不安全指南」、「楊貴妃搞直播，畫風大約是這樣的」……這類題目總能給人耳目一新的感覺。

三、C——群體關聯

很多文案手都覺得自己寫的文章就是給所有人看的，但事實卻是，所有的文章都是為了給特定的人群看的，像關注「孕期準備」一類文章的人肯定都是準爸媽。如果我們把這個問題放到標題中來講，就是說標題具有自動篩選讀者的作用。所以，標題一定要指向明確，讓我們的目標受眾一眼就能辨識到。

比如寫給學生的文案，標題中就可以出現「學校」、「選課」、「考試」等詞彙。如果是寫給廣告策劃者的，那標題中就可以出現「加班」、「客戶」、「創意」等語言，如「行銷狗坐地鐵的十二種姿勢，有毒」。

除此之外，生活中還有一些能夠代表某種群體的集體符號，比如「九五後」、「二次元」、「御宅族」等。像這種更具廣泛性和識別性的符號，也會讓文案具有明顯的情感偏向，並能很好地吸引相關人群。比如「刷臉曬腿跑步三件套，沒想到你們是這樣的『九五後』」、「不願將就寧可單飛？剩女愛情觀和你想的不一樣」……

四、B——利益呈現

都說「不見兔子不撒鷹」，用戶在不知道文案能給他們帶去什麼好處的前提卜，怎麼知道該文值不值得看？所以，我們要學會在標題中為目標使用者呈現他所感興趣的「利益」，才能把用戶最關心的「痛點資訊」突顯出來，快速找到核心人群。

比如「五張圖告訴你奔三還單著的感覺會有多糟」、「文案狗翻身做主的3件法寶，拿去！」、「性感如范爺、湯唯等女神，為何只選擇了這款口紅？」……這類標題都是在無形中幫助別人提煉了文章內容，能讓使用者在短時間內找到掌握「世間真理」的既視感。

看，寫標題和寫好標題之間，其實只隔著一個WHCB法則，只要能把握好標題和內容的關聯性，並掌握好標題與情感的連接度，就能寫出令人眼前一亮的標題。

平面標題的禁區

經典文案重播：文案標題精選

《和瑪莎・史都華一樣掌握市場先機，且不必像她那樣做內線非法交易》

——結合實事的標題

《日本主管有哪些美國主管沒有的優點？》——在標題裡提出疑問

《點火燒燒看這張防火材質優惠券》
——在標題中給讀者建議，並告訴讀者應該採取哪些行動

《為什麼有些食物會在你的肚子裡「爆炸」？》
——在標題中使用能夠讓讀者腦中浮現畫面的詞彙。

《「強化隔離潤滑油」在金屬表面形成保護膜，讓你的機械工具壽命延長6倍》
——在標題中創造新名詞

《國防部已宣佈一項輕鬆降低預算計畫》
——在標題中傳遞新消息，並運用「新推出」、「引進」、「宣佈」這類詞彙

《在時速六十英里的馳騁下，新勞斯萊斯的最大噪音來自電子鐘》
——具體說明內容的標題

《超過五十萬英里飛行記錄證明，我們的凸輪軸在保證期限內運作優良》
——在標題中引述見證

《你必須買進的唯一科技股，不是你想的那一支！》
——勾起讀者好奇心

《揭露華爾街的潛規則》
——在標題中承諾要公開的秘密

案例解析：

標題，是文案手打入任何市場的「第一線」。如果我們的標題無法吸引用戶的目光，就意味著它很快就會消亡在浩瀚的廣告大潮中。而我們的標題，正是我們利用消息吸引和影響受眾的一個大機會。

就像約翰・卡普爾斯在《測試廣告的方法》一書中講道：「我會在標題上花費很多個小時——如果必要的話，會花很多天。當我寫出一個好的標題之後，我就知道，我的任務差不多就完成了。」由此可見標題的重要性。因此，標題又被稱為廣告中的廣告。無論文案是一封冗長的銷售信，或是一則微小的分類廣告，還是一本書，都適用於這一點。

與文案手分享：

為了更好地創作出吸引人的文案標題，我們需要瞭解一下標題中的禁忌，以免自己千辛萬苦完成的文案踩到「雷區」。

禁區：創作標題時的注意要點

1 不要為了咬文嚼字而把標題寫得太短，這可能會導致我們的標題不能圓滿的表達觀點，讓人讀起來滿頭霧水。

2 不要寫死標題，就是那種看起來辭藻華麗，猶如廣告口號般工整，卻又言之無物的標題。

3 不要為了宣揚「機智的神回覆」，而放棄原本清晰的資訊點，這會讓標題看起來很「傻」。

4 標題中不要只羅列事實，因為那毫無魅力可言。

5 不要嘗試沒有標題的口號。

第三章 直戳痛點，開頭就要欲罷不能

開門見山，效果也不錯

經典文案重播：曾國藩一天必做的十二件事

「主敬、靜坐、早起、讀書不二、讀史、謹言、養氣、保身、日知所亡、月無亡所能、作字、夜不出戶」，是曾國藩給自己及後人定下的修身十二法，這十二條中，又有八法可供現代人借鑒。常常謹記並嚴格執行，必事有所成……

案例解析：

在《曾國藩一天必做的十二件事》這篇文章中，作者在開頭就運用開門見山的手法，寫到曾國藩給自己及後人定下的修身十二法。然後有對這些事情進行分別論述，向人們講述它的必要之處，從而引發了無數人對此文進行點擊、閱讀、轉載。

而關於開門見山的寫作方式，不少人都表示贊同。比如：

李塗說：「文字起句發意最好。」

梁啟超言：「作文最要令人一望而知其宗旨之所在，才易於動人。」

陳眉公講：「文章最要單刀直入，最忌綿密周致。」

他們所說的這些話，都是在強調一篇文章的開頭要乾淨俐落，不要拖泥帶水。如「曾國藩一天必做的十二件事」一文中所採用的敘述方式，文案手先點明中心思想，再一點一點地鋪陳開來，就是所謂的「開門見山，落筆扣題」。

而開門見山的寫作方法，就是要求文案手必須根據主題和事物的感受有自己的真知灼見，形成判斷，然後提煉出文中的論點。也就是說，文案手需要在寫之前就胸有成竹，心中有底。只有這樣，才能在面對任何題目時，都能直截了當、不繞圈子、開篇點題。這樣的方式簡潔明快，既省力，又能引人入勝。

與文案手分享：

開門見山的方式主要有兩種，我們來看一下。

一、直接開頭法

直接開頭法一般用於人物事件中，需要具備時間、地點、人物、事件幾個要素。根據運用特點的不同，我們又可以將其分為：從時間入題、從介紹人物入題、從複述標題入題、圍繞中心思想入題等。

直接開頭法是一種使用最多、最廣泛的開頭技巧，它可以與任何一種結尾技巧搭配使用。

二、直接點題法

直接點題法，從字面上理解就是直接點明文案標題。這種方法的特點就是，文章一開頭就把記敘的人或事、說明的物件、議論的事理等直接擺出來。或直接釋題，或設問入題，或擺出中心論點，讓讀者直接面對題目所描寫或議論的對象，沒有距離感，從而能很快地進入我們創設的情境中。

比如曾有篇「網路是把雙刃劍，有利也有弊」的文章就採用了這種方法，它在開篇直接說：「網路傳播的煽動性可好可壞，網路傳播效果具有雙面性。」

最後，文案手在使用「開門見山」的開頭時，還需要特別注意以下幾點：

1如果是敘述類的文案，最好能在開頭交代事情的起因及必要的要素；

2如果是具有政論性的文案，開頭直接提出中心爭論點即可；

3如果是雞湯類的文案，開頭就要點明中心，並托出文章的「神」。

總而言之，開門見山要合情合理、不牽強、生硬。要簡明、乾淨俐落，不能枝蔓橫生、故弄玄虛，使人眼花繚亂，甚至厭煩，從而失去其應有的效果。

使用情景對話開頭

經典文案重播：身歷聲器材廣告

紐約施德林音響公司要推廣一款身歷聲器材，為了讓使用者更加清楚產品的各項功能，文案手採用情景對話的方式開頭，創作了以下文案：

琳達：「實話說，我丈夫買了一堆施德林音響零件，他說他要裝一台身歷聲，你能想像嗎……」

弗雷德：「琳達，裝好了，你聽！」

琳達：「弗雷德！那該不是你裝的玩意兒發出來的吧？」

弗雷德：「當然是！施德林把零件給我，我就成了夥計……把它們裝到一起。」

琳達：「……肯定有方便操作的說明書吧……」

弗雷德：「一步一步地就像一張地圖，我自己的小小探險。剛才的這堆施德林音響零件現在……」

琳達：「……棒極了！一點點勞動就換來一大堆音樂，你和施德林簡直是絕妙的組合。」

弗雷德：「而且還是一個省錢的組合呢，這投資多棒。」

播音員：「和施德林配合，到你喜歡的電器商店，讓他們給你看看施德林音響器材的全部品種，你會發現省錢其實非常容易，而且省得漂亮。」

案例解析：

人物對話式的開頭有多種表現形式，比如有一個人的自言自語，有兩個人的交談，也有多人的議論。這種通過人物相互交談的方式，將產品的資訊內容介紹出來。

這種形式比較生動活潑，並且極富生活氣息，再加上音樂和音響的烘托，能夠為整個文案內容創造出一種特定的情緒和氛圍。如此一來，對話者所說的內容也會比較容易吸引聽眾的注意力和收聽興趣。

使用對話開頭，可以引起下文，起到吸引讀者、靈活運用的效果，常常能收到一種巧妙生動的效果。比如《一場「激戰」》的開頭：「『啊，快來看呀！』從外屋傳來姐姐的大叫，我們停下手中的活兒，紛紛跑到外屋去。只見一隻又肥又大的灰老鼠……」這段別具一格的開頭，以姐姐的一聲驚叫起筆，緊緊地抓住了讀者的注意。

另外，在情景對話中，經常面對的就是可信度的問題，因為經過創造出來的對話往往會有人為和表演的痕跡，會導致語言不自然，所以聽起來比較像幾個人在照本宣科的誦讀對話。因此，文案手在編寫對話文案時，要注意把產品的資訊自然而然地從對話中流露出來。

與文案手分享：

情景對話式的開頭有直接陳述、兩人或多人對話等方式，下面我們就來具體瞭解一下：

一、直接陳述

直接陳述式的開頭，就是由文案手先將廣告文案寫好，再由代言人或播音員直截了當地說出來的廣告形式。這是一種在電台廣告中最常見，也是最基本的表現形式。一般情況下，這類型文案都是通過精心構思的有頭有尾的小故事，或情節片斷來傳播資訊內容。其特點是故事生動有趣，能夠引人入勝，能夠讓聽眾通過那些娓娓動聽的故事接受廣告內容，並對產品產生好感，從而成為產品的消費者或潛在消費者。

二、對話式廣告文案

所謂對話式廣告文案，就是通過兩個或兩個以上的人物相互交談的方式，將產品的資訊內容介紹出來。這種方式不僅很容易吸引聽眾的注意力和收聽興趣，也是一種較為普遍的廣告形式。就拿某款減肥指南的文案來說，它就是採用這種雙人對話的方式，讓人們對該產品產生濃厚的興趣。具體文案內容如下：

女：「對不起，請問您是最後一個從奧馬哈來的飛機上下來的嗎？」

男：「當然是啦，我下飛機後就剩下飛行員了。」

女：「那就奇怪，我丈夫也是搭這趟班機回來的，可我怎麼沒看見呢？」

男：「他是怎麼的長相？」

女：「個頭跟你差不多，就是有些胖，還有點溜肩膀。」

男：「溜肩膀？我沒見過這個人。」

女：「哦！」

男：「我也感到奇怪，我妻子說是到機場來迎接我，怎麼也沒來呢？請問您是不是見過一位女士，個頭跟您相仿，胖墩墩的，還有點大屁股？」

女：「沒見過。咱們去機場問事處打聽一下好嗎？」

男：「好呀。」

女：「來，我替你提這只大手提包吧。」

男：「您知道應該怎麼提嗎？」

女：「知道，我剛從克萊格小姐《減肥指南》學到正確提拿重物的姿勢。」

男：「怎麼，您也讀過《減肥指南》？」

女：「是啊，全書廿一講，專教男女減肥的方法。」

男：「那就太巧了。我在奧馬哈也買到克萊格小姐的這本書，而且每天在旅館裡按它練習。如今我的腰圍已經下去了三釐米了。」

女：「練習起來還挺容易，是吧？」

男：「看你手提包上的名片，你也叫安德魯？」
女：「不，我丈夫叫安德魯，我叫格蕾絲。」
男：「那就太奇了，我妻子也叫格蕾絲。」
女：「安德魯！」
男：「原來是你呀，格蕾絲！」
女：「可不是嗎！」
男：「你可真是苗條多嘍！」
女：「你也完全變樣啦！」
男：「我也不敢認你了。」
女：「別一本正經了……真逗，安德魯，呵！」

像這種對話式的「神展開」，不得不說，真的非常有趣。

除此之外，我們還要注意一個問題，即涉及「心照不宣」這個錯誤的推理。比如有一男一女用一分鐘的時間來談論一種薄脆餅乾的「美味」、「特別」等特點，卻沒有告訴人們它到底是乳酪味餅乾還是小麥餅乾？是鹹的還是甜的？是圓的還是方的？還是別的什麼？聽眾根本沒弄明白，這就會產生一種本末倒置的現象。

借用他人之口設置開頭

經典文案重播：韓媒關注中國遊客「打架」風波

二〇一六年九月，環球時報中有一則「八名中國遊客在韓國濟州島毆打當地餐館女老闆」的視頻在韓國網路上擴散，瞬間引發了一片罵聲。

文中表示，事件起因是中國遊客從外面買了酒進入餐館飲用遭到拒絕，因此就與店主和服務員發生口角進而「施暴」。當時事件的現場非常緊張，店主的女兒甚至曾高喊：「殺人了，快向員警報警。」

對此，韓國的《國民日報》更是發表了一篇名為「嚴懲中國遊客」的社論來表達當地人的「義憤填膺」。之後，中國駐濟州總領事館方面卻向《環球時報》的記者表示：「商家老闆娘為中國朝鮮族，涉事雙方均為中國公民。」

在這篇新聞的最後，記者採訪了遼寧省社科院研究員呂超，請他對韓國輿論的過激反應表達了看法。呂超回答：「濟州島是韓國著名的旅遊品牌，在韓國整個旅遊收入中占比很高。赴濟州島的中國遊客數量逐年增加，遇到個別素質不高的遊客，就一棒子打死抹黑全體中國遊客，甚至上升到中國人的『高度』，這並非為商之道。」

並表示：「濟州島方面應該關切中國遊客的訴求，思考如何能讓中國遊客有賓至如歸之感。另一方面，對國人來說，有些遊客確實應該注意提高素質。出國旅遊，要時刻想著自己是中國人，代表著中國人形象去其他國家做客，應該做符合自己身份的事情。」

案例解析：

借用他人之口的用法最常用於新聞類文案中，比如在上面這則新聞的最後，文案手就是為我們提供了客觀性報導的技巧，即「借用他人之口」對新聞事實表達觀點。而這種採訪專業人士，並借用其權威身份對新聞事件進行表態的方式，不僅能體現出新聞寫作的專業範式，更能增強新聞的說服力。

像這種新聞類的文案，真實性是最基本的原則，一旦新聞不能繼續堅持其真實性，新聞就將失去它存在的價值意義。

與文案手分享：

用事實說話，是新聞類文案寫作的基本規律，其含義在於，文案手能把自己的思想觀點隱藏在事實的敘述中，讓受眾者在接受新聞報導時，能自然而然地「悟出」與文案手傾向一致的觀點。而借用他人之口，正是讓這種一致的觀點「順理成章」的有效方式。下面我們就來看一下，如何有效在文案中使用「借用他人之口」：

一、直接引語

「直接引語」是新聞類文案中經常會用到的寫作方式，它也被人們稱為「實引」，即實實在在地引述別人說的話。而實引又被分為「引原話」和「引大意」兩種。其中，引原話時，要求文案手必須加「引號」，並有說話人的真實身份、姓名；而在引大意時，則不加「引號」，但也需要有說話人的真實身份和姓名。

在報導文案中直接引用某個人的原話，已經成為現代新聞寫作不可或缺的手法，西方經典新聞教科書更是將這種方式稱為「新聞寫作不可分割的組成部分之一」。比如美國哥倫比亞大學新聞學院的教授梅爾文・孟徹就曾說過：「如果新聞中使用了直接引語，讀者就可這樣推斷：既然新聞事件的參與者在直接說話，那麼這件事必定真實無疑。」

二、進行客觀報導

所謂客觀報導，就是要求新聞寫手只提供材料，而不表達自己的觀點和意見，如果報導的事實會牽涉到幾種不同的意見，我們也要不偏不倚地寫出各方面的看法。

最後，再撰寫這類文案時一定要注意寫明消息來源。這裡所謂的消息來源又被稱為新聞來源，可以是一個人也可以是一件事、一個物品。而消息來源通常的寫法為：「據……提供消息」、「記者從……獲悉」、「據知情人士透露」等。

一般情況下，需要注明消息來源的情況有：

1 像那些需要闡明事件的原因、預示事件的發展趨勢、解釋事實之間內部聯繫的文案內容，一般都要注明消息來源。

2 像內幕新聞，如果不寫明消息來源，讀者就不能相信，甚至會以為是寫手瞎編亂造。

3 像有爭議的、容易引起懷疑的實施，為了增強文案的可信性，註明消息來源是非常必要的，這樣也有利於讀者對這些事實進行分析和判斷。

4 像那些一時得不到官方證實而又十分重要的新聞，幾乎每句話都應該註明消息來源，以確保真實性。

另外，像新聞報導中所出現的「消息靈通人士」、「權威人士」、「有資格的人士」等，其實並不是文案手在引述這些人的話，而是在表達自己的意見和觀點。只不過運用這種方式，更能保持新聞報導的客觀性和議論的權威性。

一開始就給人緊張感

經典文案重播：化妝品文案開頭

某款化妝品文案在一開始就這樣寫：「你用過化妝品嗎？你知道長期使用化妝品會導致皮膚提前衰老嗎？沒錯，整天不卸妝就會給皮膚造成負擔，從而加劇皮膚衰老！加劇皮膚衰老！加劇皮膚衰老！」

案例解析：

這樣的文案節奏感很強，一開始就給人一種緊迫感。這種情緒能夠讓讀者在閱讀的時候，在不知不覺間產生一種緊張感，從而更加迫切地想要知道：「皮膚衰老該怎麼解決？」、「怎麼化妝、卸妝才能讓皮膚不那麼快衰老？」

再加上文案手重複地使用「加劇皮膚衰老」，以及對感嘆號的加強使用，而產生了重複的力量。有人可能會疑惑：不過是簡單的重複，能有什麼力量？事實上，就是這樣簡單的重複，卻能有效加劇讀者的恐慌感，讓讀者記住我們想要表達的觀點，從而對其更加重視。

在這種畏懼心理的驅使之下，能夠讓讀者對通篇文章進行更加細緻的閱讀，希望從中獲得問題的解決方案。

與文案手分享：

從上面的論述中能夠總結出：警示告知類的文案就是通過緊迫的節奏感和簡單的語言，再加上重複的語言結構，能有效帶動讀者的情緒。下面我們來具體看一下：

一、緊迫的節奏感

想要讓文案有節奏感，就要遵循這三種原則，即：「要好記」、「要讓它讀起來有趣」、「要讓人們想看下去」。

比如在一篇文章的開頭，文案手就這樣寫道：「高血壓不吃藥等於找死！很多高血壓的人，都害怕整天吃藥給自己的身體造成危害……」當目標使用者讀到這樣的文案開頭，就能在第一時間中產生恐懼感：「天哪，原來我這麼做是錯的。」然後就能在心理上產生一種想要解決問題的想法，從而在第一時間閱讀全文。

二、簡單、精練的語言

邱吉爾說過：「小詞動人心。」某著名文案也說過：「給我一樣好東西，我會給你一大堆簡單的詞。」**簡潔的短句，能讓文案產生環環相扣的效果，有效保持讀者的興趣**。這不僅能讓我們的文案好懂，也能使它更緊湊，更有動感和節奏。比如某款小型汽車的文案：「車肥死得快」。

另外，像那些運用了各式各樣押韻的文案，讀起來都有很強的節奏感。比如「糖果可愛，隨身攜帶」、「想要皮膚好，早晚用大寶」、「鑽石恒久遠，一顆永流傳」……所以說，押韻，能夠有效讓平淡的資訊變得有趣生機起來，而我們就要學會充分利用語言文字的發音特點，讓文案更具節奏感。

三、重複的語言結構

重複的語言結構能讓讀者更重視文案的內容。比如二〇一三年科比復出的時候，Nike就推出了一則具有重複結構的文案：

他不必再搏一枚總冠軍戒指
他不必在打破三萬分紀錄後還拚上一切
他不必連續九場比賽都獨攬四十多分
他不必連全明星賽總得分也獨佔鰲頭
也不必為一場勝利狂砍八十一分
他不必一次又一次地刷新「最年輕」紀錄
他不必肩負整個洛杉磯的期望以致於跟腱不堪重負
倒地的那一刻
他不必站起
他不必再站上罰球線投進那一球
也不必投進第二球力挽狂瀾
他甚至不必重回賽場
即使科比已不必再向世人證明什麼
他也必定要捲土重來

文案中一開始就重複使用「他不必」，讓整篇文案產生一定的節奏，讓人不由自主地讀下去。

同理，我們在撰寫文案的時候，也可以在開頭就告訴讀者這麼做是不對的，應該那樣做。或者在開頭就拋出一個或幾個問題，給讀者造成一定的緊張感，然後讓讀者在想要解決問題的心態下，進一步閱讀整篇文章。

開啟「就不告訴你」模式

經典文案重播：三得利金麥酒的文案

鮮明的夏天
透明的夏天
喧鬧的夏天
靜謐的夏天
踏上旅途的夏天

陽台上的夏天
戀愛的夏天
想要戀愛的夏天
今天是夏天
明天也是夏天
一直是夏天
金麥的夏天

案例解析：

上面這則三得利金麥酒的文案，我們在讀的時候，一開始就是關於夏天的種種景象，讓人們的腦海中閃現出許多關於夏天的畫面。最後一句以「金麥的夏天」結尾，再和之前的畫面結合起來，瞬間就給人一種「夏天喝啤酒」的畫面感。而這，正是「就不告訴你」的文案模式。

要知道，「文案」之所以被稱為「文案」，它的精妙之處就在於，不會大篇幅且明顯地提到與產品有關的資訊。

與文案手分享：

想要寫出「就不告訴你」模式的文案，我們可以從自身的思維方式入手，換個角度看待問題，也許就能找到文案不一樣的表達方式。下面我們就來具體看一下：

一、使用「救貓咪」思維

「救貓咪」一詞來源於好萊塢編劇，其場景是指：為了讓主人公更具有吸引觀眾的特質，編劇會給主人公安排一些幫助他人的場景，哪怕是很小的一個場景，比如救一隻貓咪。通過這樣的舉動，讓觀眾覺得主人公有血有肉，進而喜歡上他。

而出色的文案手同樣能捕捉到受眾者心底的需求，在文案中製造一個「救貓咪」的場景，從而成功打動受眾者並讓他們產生預期中的反應。比如在一九二五年時，廣告大師約翰・卡普爾斯要為美國音樂學院寫一條推銷音樂函授課程的廣告。文案中，他並沒有提及課程的優越，而是寫了一個只有廿一個字的小故事：「我坐在鋼琴前時他們都嘲笑我，但當我開始彈奏時……」

在這則文案中，「我坐在鋼琴前時他們都嘲笑我」每個人都能從中感受到那種被別人看低的心情，但接下來一句卻峰迴路轉，瞬間給人一種揚眉吐氣的感覺。所以，這則文案一出，立刻就攪動了無數顆持有成功欲望的心靈。

甚至在幾十年之後，這一模版仍然被文案創作者廣泛採用，比如：「我在淘寶訂購衣櫃時我丈夫笑我，但當我省下一半的錢後……」、「當我下載交友軟體時他們都嘲笑我，但當我約到女神時……」、「我寫文案時親戚覺得我沒有出路，但當我在全款買了房時……」

就像尤金施瓦茨所說的：「廣告文案的任務是啟發、引導欲望。」而「救貓咪」思維的運用，就是巧妙地運用情感聯繫，抓住人們的情感和興趣，尊重了受眾的個性，從而讓人們對文案的內容印象深刻。

二、使用「動機型」文案

「動機型」文案的特點是：給受眾者一個具象化的說辭，從而讓受眾者選擇或更傾向於我們的產品。而這種文案的重點就在於：將產品的價值融入這個具體的場景中，讓受眾者能夠依據我們的文案的描述，在腦海瞬間感受到這個場景下應用這種產品的好處。

比如一家專注於洗車服務的洗車店，對用戶來說，他已經習慣了把車開到洗車店去洗車。所以我們所面對的關鍵問題是：如何讓用戶選擇到我們的店來洗車？某個上門洗車的文案是這樣寫的：

實則，你可能不知道的是
一次洗車店洗車的時間
完全可以看一集《歡樂頌》
應用××上門洗車，更多的悠然時光

這就是一則動機型文案，裡面的場景很具象，能夠讓用戶輕易在腦海中浮現出這個文案中描述的畫面，然後異常直接地感受到洗車店能給他提供的價值。而這種文案方式與那種純粹地說「應用××上門洗車，便宜、省時省力」，則更有說服力一些。

總而言之，文案的價值在於轉交資訊，即產品的價值資訊。一個好的文案開頭，能夠讓目標受眾者對產品的認知從無到有，或保全統一，或認得晉級。從而為產品後續的市場推廣、銷售等製造良好的氣氛。

第四章 滾蛋吧！那些乾巴巴的內容

一個好文案就是一篇優秀的小小說

經典文案重播：食指手術的故事

令人期待的時刻終於來到了。

靜靜的病房裡，護士正小心翼翼地為中年男子一層一層地揭開纏在食指上厚厚的紗布。病人惴惴不安，身邊的妻子緊握著他的另一隻手，主治醫生則站在病人的對面，神情也並不輕鬆。

終於，通過手術被加長了的食指活生生地「聳立」在了眾人的眼前。手術成功啦！夫妻倆欣喜萬分。

回到家裡，他們迫不及待地打開冰箱，從裡面取出了番茄醬瓶子。丈夫把剛剛動過手術的長長的手指伸進瓶子，順利地將瓶底僅存的一層番茄醬「撈」了出來，興奮而又自豪地凝望著妻子，而妻子則眼巴巴地盯著丈夫食指尖上的番茄醬……

——番茄醬廣告

案例解析：

這是一個和小小說有著異曲同工之妙的文案，情節一波三折，結局出人意料。讓人在緊張中期待，最後在恍然大悟中忍俊不禁，此文案當屬不可多得的上乘之作。

我們知道，一篇小說的情節要求遠遠高於對語言的要求，尤其是只有幾百字的微型小說，要在這麼短的篇幅內，設計出故事情節，還要動人心魄，概括來說，就是要做到「簡潔、凝練、形象、引人」。要創作這樣一篇小小說型的文案確實不是一件容易的事，但，難並不意味著做不到。

與文案手分享：

一個高級的文案手通常需要具備很高的文學修養。我們下面就來看看，如何構思一篇短小精悍，情節佈局巧妙的故事文案。

一、有的放矢，宣傳的內容就是結局

宣傳的產品是「小小說」文案的核心。正如上面番茄醬的文案，要圍繞番茄醬功效、作用、營養價值、食用方法等來展開，故事多種多樣，但聚焦的目標始終不變。

一般來說，文案要宣傳的內容無外乎三個方面，即品牌、產品、活動。

從品牌角度來說宣傳的內容，一般是可以從知名度、美譽度、滿意度和忠誠度四個方面來提升。

從產品角度來看宣傳的內容，多集中在對產品的新功能、新技術，新使用方法的宣傳。宣傳的內容若是活動，目標則無非是實現流量ＫＰＩ（**關鍵績效指標**）或者轉化ＫＰＩ。無論要設計的情節如何，內容的這些方面就是結局，是落腳點，我們需要做的是從要宣傳的內容倒推故事情節。

二、製造意外結局的方式

結局有了，但如果平鋪直敘，就沒意思了，我們要的是出人意料。就像案例中講的，日常生活中我們的指頭夠不到番茄醬的瓶底，按照慣性思維，我們會借助工具

——勺子、筷子，但不會有人會想到把手指頭做手術加長，這就是意外。

意外的結局一般可以分為三種：

●「幽默型反轉」

短篇視頻《我的殭屍夢》就是幽默反轉結局的典型。故事的主人公Jordan每天都在為剷除殭屍做準備，他非常刻苦地磨礪自己殺殭屍的技能。終於有一天，當他從睡夢中醒來，窗外盡是遊離的殭屍！

這不就是他夢寐以求的嗎？

他壓抑著內心的興奮，像英雄一樣在殭屍群眾衝鋒陷陣，大開殺戒，俐落地把他們一個個幹掉。

當他為自己自豪的時候，畫面一轉，鏡頭一一掃過一群呆若木雞的劇組人員，荒誕的劇情瞬間變為弄巧成拙的幽默。

這種反轉其實就是一種逆向思考，先不完全否定或完全否定原來的句子，再轉到要表達的觀點上來。《我的殭屍夢》就是先讓主人公不可能的夢想成真，然後反轉到他把拍劇本用的殭屍當成真的殭屍了，幽默效果盡顯。

●遞升反轉

這種反轉的力度大，反差效果強烈。作家許行的《錢包》就是典型的這種結構。

他從飯店打完工回家，路上被一個小個子亞洲人撞了一下，他警覺地一摸褲兜，發現錢包沒了。

然後，他立即大叫：「Wallet, Wallet !」（錢包，錢包），撞他的那個人加速跑開了。他緊追不捨，對方跑得更快了。在他的猛追下，那個追他的人把錢包扔掉跑了。他欣慰地拿著錢包回到住處，打開卻發現那不是自己的。

他看看自己的褲子才猛然想起，早晨起來時換了一條褲子，自己的錢包還在原來褲子的兜裡。

這個構思巧妙的小小說，以一個錢包為道具，向上做了一系列的延伸發展，追、跑……當錢包終於拿到，劇情急轉直下，錢包竟然是對方的，作品的意外結局便是這樣形成的。

好看耐讀的優秀小小說常常讓結尾跳出讀者的閱讀思維，完全在意料之外，但又在情理之中。小小說的機智構思，非常值得文案手借鑒。

三、確定故事的場景

場景就是故事發生的時間和地點，是過去、現在、未來？還是家裡、公司、商超？根據場景的不同，我們也可以把故事分為不同的類型。

體驗型　以產品為例，產品的目的就是給客戶使用，把客戶體驗的場景類比下來，進行情節的創作。比如我們要宣傳的是口香糖，那麼什麼樣的人會購買？購買的原因是什麼？由此可以想到，見客戶的時候怕有口氣會買口香糖，和女朋友約會的時候為保持口氣清新要買口香糖……然後，就可以根據場景編寫體驗型的故事。

幻想型　這個不是現實生活中的場景，而是很久以前或者很久以後發生的事情，是幻想出來的。比如，幻想拿著今天的手機穿越到宋朝，是一個什麼樣的情景。

情懷型　情懷是個好東西，它將一切從世俗拔到了理想、真情的高度，總是能夠擊中人們內心最為柔軟的地方，進而引起情感上的認可與共鳴。可以通過描寫真愛、孝心、夢想、牽掛等來編織情節。

四、優化情節，完善畫面

結局和場景確定後，也就意味著整個「小小說」已經有了隱隱的輪廓。可以由此設計多個情節，不斷地修改、優化，最後得出最優方案。

我們都喜歡看小說，常常看得不忍釋卷，精彩處拍案叫絕。如果我們能用構思小說的方法去構思文案，效果一定不會差。

把對產品的生活感悟融入文案中

經典文案重播：阿原肥皂品牌文案

身有七經八脈，心有七情六欲
看得見的都可以被療愈
看不見的都需要被回應
文明帶來巨大的進步，也帶入自然的疏離
我們忘記了觸摸才是最好的安慰
大地具有最深的療愈，她的力量超越人們所能創造的奇蹟
所有發明離不開自然法則的
生、老、病、死
洗是敬，敷是禮，無方而有道，有始而無終
從藥草開始，阿原走一條無心而有為的健康之路

案例解析：

在廣告業工作了十七年的阿原在二〇〇五年創立了「阿原肥皂」，之後經過十年的發展，他將這個品牌發展起來。在給自己的品牌寫推廣文案時，阿原總是喜歡把對產品的生活感悟寫入文案中，讓這些文案看起就像一首優美的散文詩一樣。

比如在二〇一五年「以草治夏」的產品上，他是這樣寫文案的：「來自青草藥的肌膚療愈，讓所有的美好，都不會是巧合。」

再比如他寫道：「我們可能被任何形式撫慰：聽音樂、泡澡、獨處……只要被安心的氛圍圍繞，就能療傷，比如有一棵大樹，傾聽我所有的脆弱與憂傷。我們當然無法隨時擁有一棵大樹，但可以有隨身良方，療愈淨化的茶樹氣息環繞在堅毅勇敢的相思木上，在這氛圍中擁抱芬芳，身體會告訴我們真正的需求。」

懷著對孕育生命的土地與自然始終如一的真誠感恩，阿原肥皂的文案，總能讓用戶在為網路眾多浮華亮眼的畫面上獲得舒心。在那些畫面和文字中，無論是一草一木，還是一筆一畫，都能讓用戶感悟到中國傳統底蘊為我們留下的深刻指引。

因此，當我們以單純的心態看待阿原肥皂的品牌文案時，會發現它與產品、銷售都沒什麼關係，旨在於一個品牌是否能打動人心，進而與用戶產生文化共鳴。

與文案手分享：

我們都知道，文案與設計師用畫面或其他手段的表現手法不同，它是一個與廣告創意先後相繼的表現的過程、發展的過程、深化的過程，多存在於廣告公司、企業宣傳、新聞策劃等方面。

因此，我們可以把文案當作是一種通過文字的方式，以傳達出產品、服務的靈魂和思想的一種載體。所以，好的文案能說出產品的本質，能觸動用戶內心的聲音，而不是單純的「自嗨」。

就拿iPhone 4的文案「This changes everything again」來說，單看「change everything」已經有種不言而喻的霸氣，心裡會隱隱地有些小衝動，想去瞭解一下它是如何做到「顛覆一切」的。後面再加一個「again」，更是對蘋果品牌價值觀的標榜，把改變和極致的觀念深入用戶的內心。

下面我們就來具體瞭解一下，到底該如何做，才能把對產品的生活感悟有效融入到文案中。

一、先「把玩」產品

「把玩」產品時文案撰寫前期的一個重要環節，它能夠抽空我們之前對產品或服務的所有感官，並帶著第一次體驗的心態去重新認識產品。

比如我們要為一款手機撰寫文案，那麼我們就需要從最初的觸感開始體驗，比如「它是金屬質感的？」、「是輕質的還是重質的？」、「是圓角的還是方角的？」、「是大屏高清的？」、「預設什麼方式開機？」、「介面是什麼樣子？」、「功能切換流不流暢？」、「系統用得順不順手？」、「音質效果好不好？」、「鏡頭圖元如何？」……這些都是文案手在「把玩」過程中會產生的感受。

二、記錄好體驗感

對產品進行「把玩」之後，就要對「把玩」過程的體驗進行記錄。這個時候，並不需要我們急著定下某種思路，一般只要是我們能想到、感受到的，哪怕只是我們在接觸產品時腦海裡出現的某個視覺片段等，都可以記錄下來。

比如我們在擠地鐵或公車的時候，在擁擠的車廂裡面，所有人疲憊也好、罵罵咧咧也好，都或站或坐，這時如果有一個人突然大幅度手舞足蹈、神采飛揚地跳動，是不是很有畫面衝擊力？這就是一種視覺片段的感覺。

然後我們再根據這個點進行聯想，比如「身臨其境打造極致音響效果，讓你瞬間忘記身處何處」的耳機。

三、用獨特的切入方式提煉產品賣點

使用者之所以會為我們的產品買單，不是因為我們的產品有什麼樣的情懷，而是產品能帶給對方什麼價值和方便，能為他帶來好處。所以，不管我們如何渲染產品本身的特性，都要時刻謹記：向使用者直截了當地指出產品的利益、價值點。

比如小米２的「快」特點。而它在發佈之後，為了凸現產品「快」的獨特賣點，選擇的文案是「小米手機就是快」，既直白又精準。再加上「快」本身就是一種比較，和誰相比「快」？自然是用戶用了就知道。

另外，如果需要撰寫文案的是一款全新的產品，使用者對它沒有任何概念，那麼就要避免直接、強硬地告訴用戶「我是誰」，而是要去找已經被用戶熟知的東西或者體驗，從而建立起雙方的聯繫，以凸現產品的獨特價值。只有這樣，產品才能更好地被使用者所接受。

四、知道文案內容要對誰說？在哪裡說？怎麼說？

同樣的產品或服務，在面對不同人群和投放管道時，要說的話是不一樣的。比如同樣是過節，但我們在中秋節就應該想到「團圓」，而不是去談情人節的「浪漫」。

老羅英語的文案就是一個典型的例子，它在面對零基礎的英語用戶時，文案是這樣寫的：「聽了三千張搖滾唱片，除了『FUCK』什麼也沒聽懂，到這裡來試試吧，老羅英語培訓。」而在面對出國留學的用戶時，文案又寫道：「渴求誠信的人有福了，因為他們必得飽足。」

這是因為在老羅英語推出的「留學諮詢服務」中，與培訓相比，它更強調「誠信」這個賣點。總而言之，我們撰寫文案的目的，就是為了傳達產品、服務的靈魂和思想。所以要時刻謹記：**好的文案就是能說出產品的本質，能觸動用戶內心的聲音。**

會講故事的文案，才有殺傷力

經典文案重播：每個問題背後，是想做更好的心

二〇一六年六月，百度推出了一支全新的品牌升級廣告片：「每個問題背後，是想做更好的心。」在一分半鐘的廣告裡，出現了五個平凡的小人物日常使用百度搜索時提出的種種疑問。

有雙職媽媽，她問了一千八百八十個問題，廣告語是「每個媽媽都希望能成為一個萬能超人，把尚未長大的他護在自己的小小羽翼之下」；有情侶，他們一共問了一千一百三十八個問題，廣告語是「因為愛，習慣的和不習慣的，都成為彼此眼中獨一無二的存在」；還有市場上賣豬肉的師傅，他問了三百七十二個問題，廣告語是「如果孩子每天都幸福，付出就是我最大的滿足」；有退休的老人，他問了兩百一十九個問題，廣告語是「不做孤獨空巢，學習如何新潮，不服老是面對歲月最好的態度」；有運動員，他問了三百三十五個問題，廣告語是「未知帶來恐懼，也會帶來機遇，人只活一次，我想為自己的夢想而活」。

——百度廣告形象片

案例解析：

文案的本質是讓使用者與產品進行「溝通」，而講故事就是一種非常好的表現形式。這一次，百度沒有強調自己的搜索功能有多強大，而是把人作為廣告的視覺中心，用觀察的形式記錄下那些平凡且普通的真人真事。從他們身上，用戶同樣能找到自己的影子，或是身邊人的影子。

面對百度的普通用戶，它展現出與人們息息相關的柴米油鹽醬醋茶的生活。像這種用真實的、非標籤化的以及非商業化的視覺角度去講述一個品牌故事，確實比任何公關文章都來得強。

而講故事的文案肯定要「走心」，但只「走心」並不代表就能講好故事。因為「走心」的目的是讓使用者一瞬間被刺激到，並沒有給對方的情緒傳遞留下足夠時間。而講故事的文案則不同，它給讀者帶來的情緒感受是包裹式的，能夠傳遞出場景的創建以及豐富的資訊，不僅全面增加文案的說服力，也更容易讓用戶認可和接受。

與文案手分享：

一般「講故事」的文案都是圍繞產品功能或使用者需求進行，所以，產品的宣傳內容是所講故事文案的核心。而宣傳內容無外乎就是品牌、產品、活動三個方面。

如果是從品牌角度來「講故事」，就需要達成知名度、美譽度、滿意度和忠誠度四方面的提升；如果是從產品角度來「講故事」，基本上就是對「新」的曝光，比如新產品、新功能、新技術、新創意等。下面我們就來具體看一下，怎麼才能寫好一篇「講故事」的文案？

一、通過目標確定故事的類型和風格

由於各個產品目標不同，故而所講故事的類型和風格也會有所不同，具體如下：

情懷型故事　「情懷」的存在，能將一切從世俗拔到理想、真情的高度，然後擊中用戶內心深處的柔軟，進而引起用戶情感上的認可與共鳴。

體驗型故事　所謂體驗型故事，就是對目標使用者的使用場景的描述。這種類型的故事大多用於宣傳新產品、新功能等方面。

比如支付寶的快遞上門取件功能，文案手就是針對「什麼樣的人會使用這樣的功能」為出發點，想像到幾種使用場景，比如較為偏遠的地方；年紀大、走路辛苦的老人；東西較多難以搬運的情況；週末在家不想出門使用上門取件可以方便偷懶等。

痛點型故事　一般情況下，從痛點出發的故事不僅能提高品牌的美譽度和滿意度，還能突顯出產品的功能和競爭力。

比如支付寶口碑就曾從行業的痛點、商家的痛點和消費者的痛點角度出發，撰寫了一組痛點型的故事文案。把行業低價競爭導致市場混亂、商家遭受平台剝削利益維艱、消費者產品體驗不佳等方面描述出來，講了一個痛點型故事，並給用戶提供了一個能夠應對痛點的解決方案。

二、優化故事畫面、提煉產品主題

確定好宣傳的內容和故事類型後，我們就可以以此為基礎構築一個故事。這個故事不一定非要簡短，但一定要有方向。提煉出來一個主題，再根據不同的宣傳平台優化故事，比如戶外媒體需要聚焦，那麼文案就應以簡短為宜；新媒體平台需要引人入勝，那麼文案內容最好要飽滿等。

另外，雖然一個好的故事會自帶畫面屬性，但如果有一幅與文案關聯緊密的貼切的畫面，那麼故事的真實性、說服力、影響力等方面將都能得到有效提升。

三、讓故事深入人心

想要讓故事能給人留下印象，甚至深入人心，我們需要從以下幾個方面入手：

視覺化　視覺形象往往比文字、聲音等更直接、迅速地傳達資訊，但視覺化並不是簡單地用影像傳達資訊，還要強調「視覺效果」。比如在這個看臉的時代，就要求我們的視覺畫面一定要精緻，鏡頭一定要講究，避免「五毛特效」。

人格化　所謂人格化，就是讓一件「死物」在建立品牌的過程中「活」起來。比如貓糧品牌，文案手就可以從貓的視角講一個吃貨的故事。

系列化　系列化故事可以延續並一次又一次地強化品牌的影響力，比如香奈爾歷時兩年的回顧品牌歷史活動「Inside Chanel」，就有十二個章節，十二段精彩。

傳奇化　平庸的故事並不能在用戶信用掀起任何波瀾，所以我們的故事就需要一定的「傳奇性」，讓它有懸念、有曲折、有逆轉等，讓用戶看到新奇的記憶點。

比如愛馬仕絲巾上的斑馬，就來自希臘神話中的珀伽索斯神馬（**宙斯的坐騎，足踏之處會湧出泉水**），文案手把原本一身雪白的神馬換上斑馬的外衣，並給牠的翅膀塗上像鸚鵡羽毛般絢爛的彩色，進而成就了一匹獨一無二、具有異域情調的飛馬。

與其讓人閱讀，不如讓人想像

經典文案重播：樂高的一組平面廣告

樂高五十周年的平面廣告語為「imagine a children's story」，用想像式的設計做了一系列平面廣告，部分廣告如下圖所示：

案例解析：

像樂高這樣的文案就太「偷懶」了，視覺上更是省事，只能夠通過想像著那可能是梯子、遊輪或是森林裡的小動物。但是，它的創意卻一目了然，簡單的「imagine a children's story」更是點睛之筆。試想一想，愛玩、愛想像，不正是樂高想讓小朋友們做到的嗎？

文案手應該都知道，產品文案的第一要素就是要引發用戶共鳴，而不是展現產品所謂的「賣點」。第二就是要有「衝突」，滿足他們「精神世界」的美好想像。所以，產品的本質就是滿足使用者對生活的想像。

而對於使用者來說，沒有想像力的產品文案，就像缺少了調味的菜品一樣，即便「不難吃」，也無法引起用戶「嘗一嘗」的興趣。而想像力，正是連接產品和購買之間的關係。

就拿Nubia X6的文案來說，像「夜拍能力強」這樣的文字是沒有想像力的，要想用這樣的文案來說服使用者購買產品，肯定就增加許多難度，這就需要文案手賦予它更直觀的想像空間。因此，就出現了「可以拍星星」這樣的文案，讓用戶在想像中達成「想拍璀璨星空但拍不成」

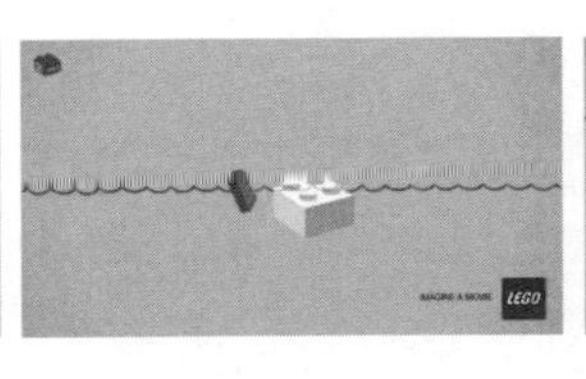

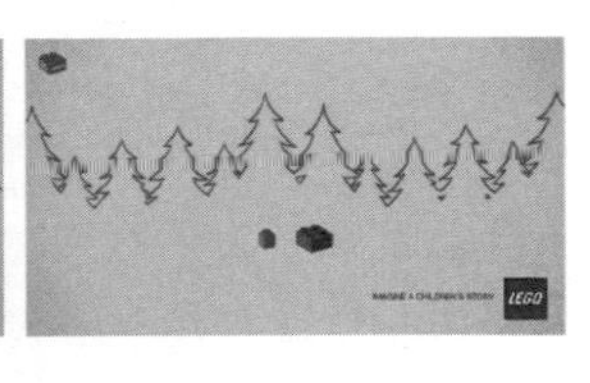

的生活理想，從而構建起產品與使用者認知的橋樑。

與文案手分享：

這就像是心理學上的「鮮活性效應」，就是指人們更容易接受事件的鮮活性。簡單來說，就是這件事物是否有視覺感，而不是這個事件本身的意義。由此可見，產品在傳播過程中視覺感的重要性。

換個角度來講，小孩在看畫冊或文字時，總是喜歡一字一句地朗讀出來。而他們之所以需要「發出聲」，就是因為人類在學習文字階段需要借助「聲音」這個媒介，讓「文字」與其「實際指代的含義」在大腦形成認知。只是我們成年人會經常忽略大腦中將文字翻譯成聲音，再到視覺的微妙過程。

比如我們來看「蘋果」這個詞。我們會發現，自己的頭腦中並不會出現「ping guo」這個讀音，而是會浮現「蘋果」的視覺圖像。而這就是人腦的認知模式之一——視覺化。更何況，在人類漫長的時光裡，都是通過肢體語言、表情、聲音來實現彼此間的溝通。

就像人們更容易接受「竹籃打水一場空」、「強扭的瓜不甜」這類具有視覺化的文字。如果換成「大家千萬不要做那些投入很多努力最終卻什麼也得不到的蠢事啊」、「我們不能逼迫別人去做他不甘願做的事情，這樣容易得不償失」這類語言，哪裡還能千古流傳？

所以，當我們需要撰寫更容易吸引使用者注意，能讓使用者將內容輕鬆讀入「大腦」中的文案時，就要忌用普通的「形容詞」以及「抽象化」的語言。畢竟再好的文案、再好的劇情，如果沒有視覺化語言，無法讓人產生想像，也是白搭。

一本正經地講一個不正經的故事

經典文案重播：某別墅文案廣告

某別墅地產商的廣告語是這樣的：「我和我的鄰居，沒有共同語言。」如下圖所示：

案例解析：

該別墅地產商的廣告語「我和我的鄰居，沒有共同

語言」一出，瞬間讓人一愣，這是誰家的房子啊，別人的房地產商都寫著「和鄰居有共同語言」之類的，怎麼它偏說沒有共同語言呢？

看完廣告後才知道，原來是真的，因為別墅的鄰居是一群野生鳥。誰會和鳥有共同語言？頓時就讓用戶豁然開朗了。

像這種一本正經地講個不正經的故事的文案，有三個主要特徵，即第一眼讓客戶想把它斃掉；標題很「出位」，但副標題或內文會把它強有力地拉回來；看似自嘲，效果反而比自誇更強。

與文案手分享：

很多產品文案在撰寫的過程中，都會儘量誇讚它的優點等。比如汽車的廣告，文案手大多都會想辦法誇一輛車的空間足夠大、裝人奇蹟、能放下一頭小象……但這種文案跟多年前的一篇老廣告比起來，確實顯得很浮誇。

但是VW的廣告卻反其道而行，它的廣告語是「他們說辦不到，真的辦不到。」然後在內文中說：「我們試過了！老天爺都知道我們真的試過了。但是，沒有任何變通或做假的方法能把費城76人隊的張伯倫塞入VW的前座。因此，如果您和張伯倫一樣是七尺高，我們的車子不適合您。」

文案中還表示：「但是，您可能只有六尺七寸高。那麼，您將嬌小地足以欣賞我們在VW上有多麼巨大的成就。頸部的容腳空間比任何房車的都要大。因為引擎架在後輪上，所以不會擋您的腳。您可以在車前放兩個中型提箱，（因為引擎不在這裡），同時在後座放三個身材勻稱的小孩。您還可以把一個大點嬰兒放在後座的後面睡覺。事實上，VW上面只有一個地方容不下太多的東西：油箱。但是，您的VW每加侖大約可以跑上二十九里。」

像這樣的文案有不少，運用的也是這種方法，看似在說自己「無能」「太笨」「沒辦法」等，實則卻把自己快吹上天了。

但在撰寫這類文案時，我們需要注意幾點：

1 除非文案手對自己非常有信心，否則要慎用

2 整個文案的結構一定要合理，否則真的有可能被產品方的人揍一頓

3 人們天生對負面用語有排斥性，所以文案手最好再準備一份其他方案

另外，無論是電視裡的廣告，還是路上的推銷員，為了在他們各種的行業裡生存下去，他們往往都要習得一項技能——一本正經地講個不正經的故事！簡單來說，就是指在撰寫文案的過程中，明明是不合理，甚至是荒謬、違背常識的，文案手卻能一本正經、大氣凜然地講出來，從而引起用戶的關注。

比如支付寶曾推出了一篇長文案《梵谷為什麼自殺》。文章的開頭表示梵谷會自殺是因為他患有精神病，但這並不是主要原因，然後用很大一段文字敘述這個原因。又在最後寫到，他可能窮到連張床都買不起，更請不起模特兒，所以只能畫自己。但研究過梵谷的經濟狀況後發現，他的弟弟提奧每個月都會給他兩百到兩百五十法郎的生活費。根據當時的消費情況，每天的住宿費大概是一法郎，如果加上購買畫具器材之類的，每個月大概不會超過一百法郎，但他依然很窮，並且不知道自己的錢都花在哪兒了。

然後指出，「可惜當時沒有支付寶，不然滑幾下手指就能輕鬆理財了……如果真有支付寶，也許梵谷會多活幾年，也許他就會看見生命的曙光，也許梵谷就不會自殺……」

此文一出，立刻被眾網友驚呼「腦洞大開」「神一樣的文案」。總結起來，我們可以把這篇「神文案」的結構歸納為一個公式：百分之九十五的故事噱頭＋百分之五的品牌植入。

雖然最後品牌的植入顯得有些突兀，但這篇文案確實達到了令人瞠目結舌、啞口無言的效果。整篇都是充滿惡搞卻毫無漏洞的邏輯鏈，吸引使用者不停地往下讀，然後分享給身邊的朋友。

用故事，講一個意料之外的廣告文案

經典文案重播：賓利車的廣告

賓利車曾有這樣一個廣告：

一個修車的年輕人利用職務之便，每天都開著一輛豪車偽裝成有錢人去接送他心愛的女子。

這樣的日子持續了很長時間，直到有一天，年輕人需要把這輛豪車的鑰匙退還給該主人時才發現，原來他每天偷開車子的主人，正是他每天接送的女子……

這真的是一個天大的玩笑，就在這樣一個意外的相遇中，年輕人與他心愛的女子無比尷尬地大笑起來，然後彼此相擁。

而這個意料之外的廣告，正是賓利車最著名的廣告之一。

案例解析：

一個有劇情的廣告就好像一篇凝縮的小說，文案手可以把廣告的內容編排得像小說一樣，到最後大結局揭開真相的瞬間，讓人驚呼意料之外，卻又感歎在情理之中。而這正是意料之外的廣告文案能夠帶給人們的魅力所在。

這種通過有目的性的一個引導以及刻意的遮掩，讓人們對廣告內容隱藏的部分，產生相關聯想，然後在結局上給予人們眼球上的「致命一戳」，令人大呼沒猜中結尾！這種用法很容易讓人聯想到周星馳電影中對如花的用法，雖然一個是電影，一個是廣告，但其屬性卻殊途同歸，都是在講故事。

所以說，一個帶有衝擊性、包蘊深邃內容、能夠感動人心、新奇而又簡單的文案內容創意，是需要我們去勇敢地打破消費者視覺上與心理上的「常態」，如此才能成功地用一個故事來講一個意外的廣告。

與文案手分享：

現在廣告採用的方法越來越多，導致其產生的結果難免參差不齊，而使用「意料之外的廣告」，卻能在很多時候成功地引人入勝。下面我們就來具體看一下，「意料之外的廣告」是如何做到這一點的。

一、使用聯想與眼球的意料之外

比如士力架廣告的林黛玉版本，就是一則令人耳目一新的廣告。廣告裡的守門員總是一副弱不禁風的樣子，如假包換的林黛玉一般，惹得隊友直發飆，而「林黛玉」在吃了一支士力架後，卻秒變猛男。廣告的結尾附加的是士力架的廣告標語：「橫掃饑餓，做回自己，士力架真來勁！」整個廣告內容幽默搞笑，具有很大的傳播力度，並成功地把士力架塑造成為擺脫饑餓、補充能量的最佳產品。

像這種「障眼法」式的懸疑類廣告，中間一般都不需要太多劇情的鋪墊，只要製造一定的氛圍，讓受眾產生聯想，然後在最後一刻揭露大相徑庭的真相即可。這種通過將表像作為伏筆的廣告故事，它們的結局往往能達到引人發笑的目的。

二、使用邏輯與情感的意料之外

這種方式我們可以參考More than medication公司的企劃片，短片講述了一個徹夜偷偷在別人牆上玩塗鴉的不良少年，回到家後，他的母親對他非常失望。但當他拉開窗簾的一瞬間，人們才知道，原來他熬了整夜畫出來的一牆塗鴉，是為了讓臥床不起的重病妹妹看到生命的希望。

在短片的細節把控中，文案手巧妙地融入了一個邏輯懸疑，就是當男孩回家後，母親看了看時間做出無可奈何，卻又恨鐵不成鋼的表情，讓無數觀眾都覺得這個男孩太不懂事了。

這與後來在發現牆外的塗鴉後，母親輕聲的一句「Thank you」與欣慰的淚水形成了鮮明的對比，讓人們的情感馬上回歸到男孩的立場，開始對他刮目相看。

而這篇廣告之所以能成功，主要就是利用了人們的慣用邏輯，讓人們理所當然地認為某件事、某個人的發展規律是怎樣的，並在這個邏輯建立的過程中，讓人們不斷深信自己的判斷。然後在最後的結局中，通過更具衝擊性和顛覆性的答案，使人完全出乎意料。

這種方式更加考究文案手在情感上的陷阱設計和劇情上的懸疑鋪墊，並要求文案手對整個故事的構思與人性的洞察。只有這樣，才能輕鬆地扭轉目標使用者的觀點，達到讓用戶感動流淚，甚至笑中帶淚的狀態，並讓廣告最終落回到產品本身。

舉例子使觀點更豐滿

經典文案重播：某養生文案節選

二〇〇三年，子宮頸癌帶走了著名歌手梅豔芳；

二〇〇四年，直腸癌帶走了中國富豪王均瑤；

二〇〇五年，肝癌帶走了著名演員傅彪；

二〇〇六年，急性腦血栓帶走了上海中發電氣集團董事長南民；

二〇〇七年，乳腺癌帶走了「林妹妹」陳曉旭；

二〇〇八年，突發性心臟病帶走了北京同仁堂董事長張生瑜。

……

這些人走的時候都說：「我還不想走，我愛我的親人，我愛我的事業，請你再多給我一點時間！」但是，已經晚了！

無論是誰，要想陪親人的時間長一些，事業做得更久一些，先把你的身體照看好！人失去了健康，就失去了所有。有位名人說得好：「幸福的首要條件在於健康。」人失去了健康，就相當於失去了一百當中的「一」，就算後邊綴上再多的「〇」，都是白搭……

案例解析：

在這篇文章中，文案手列舉了許多因病去世的名人，以此來告訴讀者健康的重要性。試想一下，如果我們在撰寫文案的時候，通篇都在講「你應該怎麼做」、「你要怎麼才好」，卻從不引經據典，也從不去找同類的案例進行說明，那麼相信這篇文章的說服力將遠不如有例子的說服力強。

如果我們仔細觀察就能發現，有很多產品在宣傳的時候，都會把產品的使用案例放在官網上。尤其是化妝品或是減肥類的產品，我們經常能在相關網站上看到使用前和使用後的對比案例，這樣不僅能有效幫助讀者更加直觀地瞭解該款產品，更能促使讀者在第一時間產生購買欲望，從而選擇購買產品。

所以，文案手需要具有從眾多案例中找到屬於產品典型案例的能力。這就需要我們對產品有足夠多地瞭解，否則將無法找到真正符合我們觀點的例子。

另外，為了讓文案能給人一種公平和客觀的感覺，我們在創作文案的時候，最好能站在中立和觀察者的角度進行撰寫。如此一來，我們的文案就是建議而不是強制，有利於在讀者心中建立起好感，在講述事件和觀點的時候也容易被對方所接受。

與文案手分享：

為了使文案更具說服力，文案手需要在文案中使用舉例子、引用等方式，讓文案內容變得更豐滿。並且，為了避免因使用案例而讓文案內容產生自賣自誇之感，我們可以從以下幾個方面入手：

一、突出對讀者的好處

人們在做一件事的時候，最先考慮的永遠是「我」。比如「我家孩子考了多少分」、「我爸媽身體怎麼樣」、「我穿這件衣服好不好看」……所以，文案手在撰寫文案的時候，也要站在讀者的角度，去思考「我」的想法。當讀者從我們的文案中能夠切實地看到產品為大眾提供的便利之後，就會產生購買欲望。

比如「××鋼筆，讓你的字跡更美麗」、「××滑鼠，提高你的辦公效率」、「××碎紙機，讓你的秘密無人可知」……這些文案都非常直接地說出對讀者的好處，讓讀者在第一時間能瞭解，自己在使用這個產品後會產生什麼效果，從而選擇是否購買。

二、適度誇大產品效果

如果我們在撰寫文案的過程中，能夠適當地運用修辭手法，對產品的效果適當誇大一些，能有效增強目標使用者的購買欲。注意：是適當誇大，而不是將產品本身很小的功效放大到無限，也不是將產品本身沒有的功能說成有，更不是毫無根據地胡編亂造。否則我們將失去企業的信譽，甚至會違反廣告法。

比如我們要寫某款面膜的美白功效，可以說「××面膜，有效提亮膚色，讓您不用上妝即可上直播。」像「不用上妝即可上直播」就是對產品的功效進行了適當的誇大，但當讀者看到這樣的文案後，即便知道這根本不可能，很有可能選擇直接購買。

所以說，如果我們能在合理的修辭範圍內對文案進行創作，即可使產品達到最佳的宣傳效果。

三、針對一個群體著重講述

有些文案手在撰寫文案時，既想講述這個群體，又想講述那個群體，比如「關於鍛煉，胖子和瘦子各有妙招」。像這樣的文案，如果文案手只依靠天馬行空的想像去撰稿，一會兒胖子一會兒瘦子，很可能會導致文案的邏輯順序非常混亂。

所以，我們要學會只針對某個群體進行具體且詳細的講述。比如「胖子就該多運動」這樣的文案，我們只要針對「胖子」這個群體，說說怎樣才能增加對脂肪的消耗，從而達到瘦的效果即可。如此才會讓讀者覺得我們的文案內容順暢、自然，並讓這類群體信服文案中的觀點。

四、用親身體驗來說服

前面我們說過，我們在撰寫文案的時候最好站在客觀的角度進行闡述，如果以自己的想法為主導，很可能會使文案陷入一種「以自我為中心」的怪圈中。既然如此，這裡為什麼又要用親身體驗來說服讀者呢？

事實上，這兩者並不矛盾。當我們站在協力廠商的角度時，注重的是觀察和分析。而當我們站在第一人稱的角度時，重點是親身體驗、身體力行。所以，這兩者都具有很強的說服力。

比如某款睫毛膏的文案：「各位ＭＭ們，我今天使用了××睫毛膏，你們看是不是很翹？是不是感覺眼睛超大？不僅如此哦，用完以後還超好洗呢，絕對不會像劣質睫毛膏那樣，把滿臉弄得黑黑的……」

這條文案就是站在親身體驗的角度來撰寫的。由此可以看出，當我們用第一人稱去說服目標使用者時，一定要先把自己的親身體驗說出來，並在中間穿插我們對產品的感想、變化、功能等，以增加讀者的信任感。如果我們沒有使用的產品，那就不要用第一人稱去撰寫文案，否則就可能陷入言之無物、體驗不夠、導向錯誤等局面。

第五章　長文案難寫還是短文案難寫

結構是長文案的秘密武器

經典文案重播：不平凡的平凡大眾

馬校長，不會樂器，不懂樂理，但他有個合唱團。
十五年來，他堅持每天放學後教孩子們唱歌。
他像父親一樣，用歌聲教他們長大。
他對孩子們說：「你能唱出那麼美的聲音，就表示上帝對你與眾不同。你也要愛你的與眾不同。」
在合唱比賽的重要日子，孩子們嚇壞了，校長告訴他們：「閉上眼睛，張開嘴巴，只管唱出你身上的自己。」

最後，當純樸優美的原住民山歌在賽場上響起，清亮的童音和孩子們烏黑真誠的雙眼，贏得了賽場所有人的喝彩。

這一刻，觀眾們的心也跟著熱血沸騰。

合唱比賽大獲成功，這一天，他終於讓天使相信，自己就是天使。

——大眾銀行宣傳短片文案

案例解析：

大眾銀行的這則宣傳短片文案來自一個真實的故事，**這種用樸實的語言寫出的真實文案，往往最能打動人**。文案中雖沒有華麗辭藻，但長文案給予了它更廣泛的創作空間，並賦予了文案本身更強大、更豐富的能量，所以，該文案內容同樣成為經典。

而經典文案廣告的意義就在於：當我們認為整個行業的前途都非常渺茫的時候，它告訴我們，一個人能做的還有很多，並且有人已經做到了。

因此，即便很多人都覺得品牌的文案應該足夠精簡，最好是一句話甚至是幾個字就能引爆口碑，但長文案所擁有的重要意義也是毋庸置疑的。當然，長文案也確實存在它固有的劣勢，比如讀者可能會沒有耐心讀完。所以，如果我們不能寫出足夠優質、有張力，並且與品牌巧妙融合的長文案，那就只能被淹沒在文案的大海裡。

與文案手分享：

要想寫出足夠優質的長文案，不僅需要文案手有出色的文字功底，還要求文案手對產品有清晰的認知。只有找到產品最與眾不同、最獨特的那個點，才能撬開用戶的心。那麼，我們要如何才能寫出足夠精彩的長文案呢？以下幾個技巧可以參考一下：

一、學會講一個故事

故事的表現形式會讓長文案更有畫面感和信服力。在撰寫故事類的長文案時，要注意人名、地名等細節方面的描寫，這些名詞地運用能讓整個故事顯得更加鮮活。例如保德信保險的故事型長文案「智子，請好好照顧我們的孩子」就是這樣描寫的：

日航一二三航次波音七四七班機，在東京羽田機場跑道升空，飛往大阪。

時間是一九八五年八月十八日下午六點十五分。機上載有五百二十四位機員、乘客以及他們家人的未來。四十五分鐘後，這班飛機在群馬縣的偏遠山區墜毀，僅有四人生還，其餘五百二十人，成為空難記錄裡的統計數字。

這次空難，有個發人深省的地方，那就是飛機先發生爆炸，在空中盤旋五分鐘後才墜毀。任何人都可以想見當時機上的混亂情形：五百多位活生生的人在這最後的五分鐘裡面，除了自己的安危還會想到什麼？谷口先生給了我們答案。

在空難現場的一個沾有血跡的袋子裡，智子女士發現了一張令人心酸的紙條。在別人驚慌失措，呼天喊地的機艙裡，為人父、為人夫的谷口先生，寫下給妻子的最後叮嚀：「智子，請好好照顧我們的孩子！」就像他要遠行一樣。

你為谷口先生難過嗎？還是你為人生的無常而感歎？免除後顧之憂，坦然地面對人生，享受人生。這就是保德信一百一十七年前成立的原因。走在人生的道路上，沒有恐懼，永遠安心，如果你有保德信與你同行。

二、學會使用數字和時間

用數字來連接本身無關的兩件事，從而使事物在感官上存在一種聯繫，能夠讓用戶對事情的情緒更加強烈。而在長文案中對數字的使用，大致有三種：

1相同數字之間建立的聯繫，能夠讓文案讀起來更具趣味性。比如節選自長文案中的「畢業三年初吻還在，可以忍；護照辦了三年卻沒蓋一個章，不能忍。」、「見過半夜三點的上海灘，沒有超過三個月的男朋友。」

2不同的數字組合能夠讓文案形成強烈的反差，增加可讀性。比如：「房價八個月翻一番，可以忍；髮際線高了一點點，不能忍。」

3 一直在變化的數字，能夠讓文案呈現出動態形式。所以，我們也可以借助數字的變化，讓文案的節奏「動」起來。比如在長城葡萄酒的經典系列文案中，其中一篇「十年間，世界上發生了什麼」就是利用變化的數字來表現十年的動態世界，襯托「一瓶好酒」的珍貴。我們來看一下：

六十五種語言消失；
科學家發現了一二八六六顆小行星；
地球上出生了三億人；
熱帶雨林減少了六，〇七〇，〇〇〇平方公里；
元首們簽署了六，〇三五項外交備忘錄；
互聯網用戶增長二七〇倍；
五，六七〇，〇〇三隻流浪狗找到了家；
喬丹三次復出；
九六，三五四，四二六對男女結婚；
二五，四五七，九九八對男女離婚；

人們喝掉了七，〇〇〇，〇〇〇，〇〇〇，〇〇〇罐碳酸飲料；
平均體重增加百分之十五；
我們養育了一瓶好酒。

三、學會使用類比

如果我們要公佈一個消息或發表一個觀點，可以使用類比的方式先做一系列的鋪墊。這需要我們先找到自己想表達的類似觀點，根據一定的順序描寫文案。比如：

過期的鳳梨罐頭，不過期的食欲；
過期的底片，不過期的創作欲；
過期的《PLAYBOY》，不過期的性欲；
過期的舊書，不過期的求知欲。
全面五到七折拍賣活動，
貨品多，價格少，供應快。
知識無保存期限，
歡迎舊雨新知前來大量搜購舊書，

一輩子受用無窮。

這是李欣頻寫給誠品舊書拍賣會的文案，為了表達「過期的舊書，不過期的求知欲」這一觀點，她使用了三個類比的生活場景。

四、學會使用排比句式

通過三個以上結構相同的句式，能夠使文案起到增加語勢、加重情感的作用。比如在科比復出的Nike長文案中，文案手就通過十句「他不必」的連續使用，最後告訴人們「他必定捲土重來」，使文案的每一句讀起來都顯得熱血沸騰。

總而言之，用質感十足的文字來詮釋品牌和產品特質，並將兩者完美地融合為一體，就是創作長文案的基本素養之一。

最後，長文案的存在確實讓文案手有更多的發揮空間，但也要注意，每一句文案的存在都應該是為了推動用戶的情緒發展。否則，那些多餘的文字只能被稱為「湊字數」，而非「長文案」。

讓長文案更好讀的辦法

經典文案重播：Are you sure?

一款手機應用為了讓廣告介面文案更加好讀，文案手這樣設計文案內容，如下圖所示：

Are you sure?

Choose Continue to keep going.

If you continue, your phone will also self-destruct in five minutes.

CANCEL　CONTINUE

根據調查顯示，在這個應用介面中，有相當多的用戶直接選擇了點擊「CONTINUE」，也就是「下一步」按鈕。

案例解析：

專業人士通過大量的研究表明：很多使用者並不會仔細閱讀網頁上的文字，無論文字多麼優美，他們只習慣粗略地流覽並摘取文案中隻言片語的資訊。

這就要求文案手在某些應用中絕不能簡單地堆砌文字，並且當我們無法用簡單的語言概括一個行為時，就表明我們的文案設計過於複雜。簡單來說，設計文案的時候絕不能使用無意義的預留位置，而要使用真實的文案。

與文案手分享：

很多人都遇到這樣的文案：看一眼，暈；再看一看，更暈；看完之後驚歎：「這樣的文案也能出現？」對於這種文案，我們先不說它的創意和效果如何，就內容而言，真的有點對不起受眾。而要想讓一篇文案好讀一些，文案手可以從以下幾個方面入手：

一、先分段

一般情況下，一篇長文案中都會談到多個方面的資訊，這就需要我們有條理地把長文案分割成若干個相對獨立的區塊或段落。

這種方式可以讓文案的段落之間留出一定的空隙，就像是攝影師經常用留白的方式來體現焦點所在一樣，文案手也可以用空白行來強調需要重點關注的地方。不僅如此，空白行還可以用一種優美柔和的框架來組織資訊，讓讀者能夠更好地沉浸其中。

二、巧用小標題

在不同的板塊或段落之間，運用不同的小標題進行串聯，對閱讀率會有明顯的提高。就像系列型的長文案，就可以安排一些巧妙的小標題，讓那些懶得閱讀全文的人用最快的速度得到自己想要的資訊。

三、多用過渡性片語

過渡性詞語能在文案中起到承上啟下的作用，使全文的語氣顯得更為老練和成熟。比如對「也」、「更重要的是」、「更何況」、「值得一提的是」、「令人驚訝的是」、「試想一下」、「當然，在××方面」等詞彙的使用。這些詞語能夠讓讀者知道文案手準備給他講一個故事、勾起一段回憶或為他們描述一幅畫面，大多數讀者都很喜歡這種形式。

還可以多使用「因為」這個詞。這個詞就像是另外一個觸發器，能夠讓人們瞭解到接下來他將會聽到某種辯護，或者某個能夠讓人們點頭的理由。

就像知名學者、作家Dr Robert Cialdini在他的暢銷書《影響力Influence》中所說的：「有一項很有名的說法是說當我們希望尋求他人的幫助時，如果可以給出一個合理的理由，那麼成功的機會會更大。人們喜歡為自己所做的事情找理由。」之所以會這樣，就是因為它是經過科學驗證的。

另外，我們還可以將一些非重點的文字放在備註、隨文、圖片說明裡，或者可以用「（）」來起到畫外音的作用。這樣不僅不會影響閱讀時的語氣與順暢感，還能讓文案顯得更加嚴謹周到。

四、加粗文案中的關鍵內容

對關鍵內容進行加粗，可以幫助讀者快速獲取我們希望他們瞭解的資訊。因為人類天生就對具有差異性的事物比較敏感，並會在潛意識中關注新的或不一樣的事物。除了加粗之外，文本中的斜體、底線、字母大小、添加連結等方式，都可以幫助我們吸引和保持讀者的注意力。

此外，文案的讀者最需要的是資訊，所以我們要為他們提供最到位的資訊，使用過多的形容詞和副詞並不能幫助我們做到這一點。比如美國著名作家史蒂芬·金在他的回憶錄《On Writing》中寫道：「通向地獄的路是用副詞鋪就的」。他表示，副詞的存在會破壞句子的吸引力。

所以，我們最好看看自己的文案中用了多少個副詞，然後將這個數量減到一半或四分之一。如果我們希望自己所寫的內容能夠牢牢地吸引讀者，可以用一個簡單有力的動詞來代替那些平淡無奇的副詞。比如把「她心情非常不好」換成「她生氣了。」

無論如何，對文案的創作，尤其是對文字的潤色並不簡單，它需要文案手擁有卓越的膽識和沉著的個性，才能更好地完成這一項具有挑戰性的工作。

積累常識，而不是形容詞

經典文案重播：沒有形容詞的短文案

1 雅芳比女人更瞭解女人——雅芳

2 這是春天的最後一天，我在左岸咖啡館——左岸咖啡

3 我不認識你，但我謝謝你——獻血文案

4 他喜歡天空，我喜歡大海——旅遊文案

5 不喧嘩，自有聲——別克君越

6 用快樂美容，絕無副作用——《悅己》雜誌

7 一切言語，不如回家吃飯——回家吃飯APP
8 沒人上街，不一定沒人逛街——天貓
9 office不用太大，裝得下夢想就好——某辦公室租賃文案
10 你本來就很美——自然堂

案例解析：

形容詞很有用，比如張愛玲筆下的形容詞總能像毒藥和匕首一樣，準確地給人「致命一擊」。所以，很多文案手總想把問題回答得非常完美，為此，他們不停地對文案進行修飾，覺得「成語」、「詩句」、「形容詞」是文案的三大法寶。尤其是對成語和形容詞的運用，總能讓我們的文案看起來「有文采」，如果寫一句大白話都不好意思說自己是個文案手。

殊不知，在文案創作中，文案手需要積累的永遠是常識而不是形容詞。因此，高級文案手表示：只有當文案中的美麗、優雅、自信等毫無感覺的形容詞都被刪掉後，才是好文案的開始。

與文案手分享：

我們已經知道，文案中的形容詞很容易讓文字失去原有的活力。所以，我們在創作文案時，最好使用那些「活生生」、「不加修飾」的句子，因為原始資料永遠比精心雕琢的意見更可信。

一、形容詞讓人無法產生概念和參考

比如當我們想向人們完美展示一件物品時，形容詞作為「用來描寫或修飾名詞或代詞，表示人或事物的性質、狀態、特徵或屬性，常用作定語，也可作表語、補語或狀語」的形式，它的存在是必不可少的。

事實上，這正是每個剛開始做文案的人都容易犯的錯誤，一心只追求文案的精緻和文采，卻忘了文案最重要的目的是為了完成對產品的推介，從而影響消費者的心智。而形容詞的存在，並不能讓消費者更好地瞭解我們的產品。

比如說我們要讚美一個女孩長得好看，如果我們直接說「她是一個非常美麗的女孩」，你的腦海中對這個女孩的「美麗」有概念或參考性嗎？並沒有！但如果我們說「那個女孩有點像范冰冰」或「那個女孩的三圍是多少」，相信很多人都會表示「嗯，是很好看」或「哇，身材好好」等。

二、學會積累常識而不是形容詞

身為文案手需要端正自己的「思想態度」，明確自己要「積累常識，而不是形容詞，靠形容詞過日子，只會是錯誤。」這句話能夠幫助我們在寫文案時提醒自己更加關注文案本身和寫文案時的心態，具體如下：

1文案手需要尊重自己內心的聲音，尊重對產品知識的積累，不盲目跟風，也不過度迷信百度，更不要依靠一些華麗的形容詞來迷惑讀者。

2像文案的閱讀量、粉絲及關注度等，其實積累的也只是一個數字而已，同樣也屬於形容詞。文案手不能因為這個而沾沾自喜、偏離方向，對常識的積累，對自己及讀者負責任的態度，堅持用心創作，持續對文案進行總結和進步，並從中收穫益處才是最重要的。

當我們的常識積累得越豐富，就越容易激發對文案思考的活力。比如生活中大量有趣的事情和經驗等，都是最有力量的文案題材，而對人性和真實的情感，才是一個取之不盡、用之不竭的寶藏。

如何用一句話打動人心

經典文案重播：那些戳中人心的短文案

1人生沒有白走的路，每一步都算數——New blance

2別讓這座城市留下你的青春，卻沒留下你的人——某地產文案

3我把所有人都喝趴下，就是為了和你說句悄悄話——江小白

4世間所有的內向，都是聊錯了對象——陌陌

5我能經得住多大詆毀，就能擔得起多少讚美——諾基亞N97

6你未必出類拔萃，但肯定與眾不同——104人力銀行

7偉大的反義詞不是失敗，而是不去拚——Nike

8大眾都走的路，再認真也成不了風格——Jeep

9去哪裡不重要，重要的是去啊——去啊

10不是現實支撐了你的夢想，而是夢想支撐了你的現實——北大宣傳片

案例解析：

對文案手來說，能在有限的職業生涯中創作過幾篇被人傳送的好文案，是最值得驕傲的事情。比如「非同凡想」、「你值得擁有」、「滴滴香濃，意猶未盡」、「只溶在口，不溶在手」……這些文案都非常簡短，並且總能戳中用戶心中的某個點，屬於非常棒的短文案。

與短文案相比較而言，長文案因為有足夠的篇幅去表達層次豐富的資訊，所以即便是細節之處有什麼不妥，但只要整體內容能立住，就基本能完成任務。短文案則不同，它需要用有限的字數打動受眾，所以每個字詞都可能是決定文案成敗的關鍵。

那麼，那些一句話就能打動人心的短文案是如何創作出來的呢？

英國著名作家王爾德曾說過：「我花了一個上午的時間去掉了一個逗號，到了下午的時候我又把它放回去了。」說的就是文案必須要先精讀，然後才能流傳經典。這個方法放在短文案的創作中同樣如此。

與文案手分享：

精煉是短文案最基本的要求，那我們該如何用短小精悍的文字去打動別人，並使之經得起傳誦呢？

一、擅長收集經典短句

身為文案手，我們一定要擅長收集那些經典的短句，比如佛蘭克林的「多數人在廿五歲就死了，直到七十五歲才下葬」；飲食男女中的「人生不能像做菜，把所有的料都準備好了才下鍋」；彼得・艾滕貝格的「如果我不在咖啡館，就是在往咖啡館的路上」……

只要這些句子能打動我們，不要怕麻煩，先把它記錄下來。也許在未來的某一天，某句話就能成為我們創造經典短文案的靈感。

二、短文案創作技巧

●我們需要「通識」

生活中有許多能讓我們感受到共鳴的引線，而這些內容需要我們從報紙、新聞等方面獲得。然後根據這些問題進行思考，比如有人會把蘋果做成蘋果派，有人卻能從中發現萬有引力。不同的思維方式，將決定我們能夠獲得什麼樣的答案。

●學會套用「模型」

根據已有的基本思考架構，能夠讓我們的思緒暢通，不再枯等靈感。像彼得・艾滕貝格的「如果我不在咖啡館，就是在往咖啡館的路上」一句，就曾被許多人「套路」，比如「我不是在寫作，就是在往酒館的路上」、「我不是在旅行，就是在旅行的路上」、「我不是女神，我是依然在路上的女生」……

當然，在套用「模型」的過程中，還需要我們確定要用誰的觀點，或者是什麼角度的問題。哪怕是胡思亂想也可以，別設限，就能看見新角度。

●精煉，再精煉

只有經過不斷精煉再精煉的句子，才能成為令人眼前一亮的短文案。比如哲學大師休謨說：「存在即知覺。」一句話不僅掌握了核心概念，省去多餘的形容詞，還讓自己的句子更有力。

除此之外，我們還可以多用肯定句，比如培根說：「知識就是力量。」這種堅定的語氣讓他更有說服力；可以製造反差，比如穆勒說：「做一個不滿足的人，好過做一隻滿足的豬。」強烈的對比，讓人看一眼就忘不了；還可以自創新詞，比如哲學家海德格說：「我的現存在是可以過問的存在。」他自創新詞「現存在」，讓人們下意識地記住了他的話。

如何從繁雜中提煉簡短資訊

經典文案重播：別趕路，去感受路

「別趕路，去感受路」這句廣告語出自沃爾沃，它與當初利群的電視廣告「人生就像是一場旅行，不必在乎目的地，在乎的是沿途的風景以及看風景的心情」有點類似。但「別趕路，去感受路」卻更顯得簡潔上口，並且讀起來總能給人一種哲學的味道。

案例解析：

短文案的「短」，只是一種表像，展開後我們就能發現，它裡包含著收放自如、變化多端、意味悠長，讓人不知不覺就能看二三十遍。另外，短文案並不是一個明確、專業的概念，但由於它更加短小精悍、易於傳播、易於顯擺文字技巧和創意智慧，總能讓人印象深刻，所以就有了「短文案」的說法。

與文案手分享：

文案的創作，不僅在於「靈感」，也不只是我們一直強調的「感性」或者是「情懷」等對藝術創作的重大意義，更在於技術層面的操作。比如我們需要憑藉一些技術性的手段來幫助我們拓展思維，以實現文案創作方面的語言捕捉。但是，我們要如何才能從繁雜的資訊中提煉出我們想要的語言資訊呢？

一、利用數字與效果的關係

我們這裡所說的數字並不是銷售數字，比如「每年賣出多少億個」、「可繞地球一百圈」……雖然這也是一種非常有效的方法，但因為傳達的內容比較單一粗暴，並且從某種程度上只能表現出該產品受歡迎的程度，所以更適合快消類的產品文案。

更何況，這些數字與產品本身的特性並沒有什麼直接體現，所以無法讓用戶對其產生興趣和需求。另外，這個數字的存在是為了加強文案的效果，而不是一個說明資料，所以要更具趣味性和生活化。

比如在寫一款家居品產品的文案時，我們想強調它的收納能力，如果直接寫「四‧八二立方米的超大容積」，很多使用者對這樣的數字並沒有大多的直觀認知，自然無法對其形成吸引力。但如果我們說「有了它，你就可以多買十一件衣服了」，就能夠讓使用者直觀地看到產品對品質生活的許諾，知道自己能從中得到什麼。

二、採用ＦＡＢ終極三問

所謂ＦＡＢ終極三問是指：

Feature：你的產品有什麼屬性？

Advantage：這個屬性有什麼作用？

Benefit：這個作用對消費者有什麼好處？

簡單來說，就是在產品的特點、屬性、功能和用處中，用戶能獲得的利益。採用ＦＡＢ法則介紹產品有三大好處：能讓使用者聽懂產品介紹；能給用戶真實可靠的感覺；能提高使用者的購買欲望，使其對產品有更加深入的認識。

事實上，ＦＡＢ就是製造產品與使用者之間的聯繫，或者說是與用戶需求之間的聯繫。很多文案單獨拿出來看都很有創意，但一拿到具體場景中卻總是被人忽略，就是因為受眾者覺得「它跟我沒關係」。因此，文案手需要對「ＦＡＢ終極三問」進行一定的研究，以幫助我們能在短文案的創作中快速抓到用戶的痛點。比如某護膚品的文案「一雙開裂的手，最不適宜出現在社交場合。」

三、運用思維導圖聯想

思維導圖又被稱為心智導圖，它是一種表達發散性思維的有效的圖形思維工具，最初由英國的「大腦先生」東尼・博贊發明創建。思維導圖是運用圖文並重的技巧，把各級主題的關係用相互隸屬與相關的層級圖表現出來，再把主題關鍵字與圖像、顏色等建立記憶連結。

根據思維導圖記錄下來的聯想節點，我們可以綜合分析、判斷出聯想詞和產品、活動之間的聯繫。尤其是在只有簡單資訊的情況之下，產品的宣傳方向、理念等都還沒有確定的階段，思維導圖能夠盡可能大範圍地給我們提示，以幫助我們把握和規劃思維推動的脈絡。

比如我們現在要為某白酒品牌做文案，那我們就可能會得出下面這種形式的思維導圖：

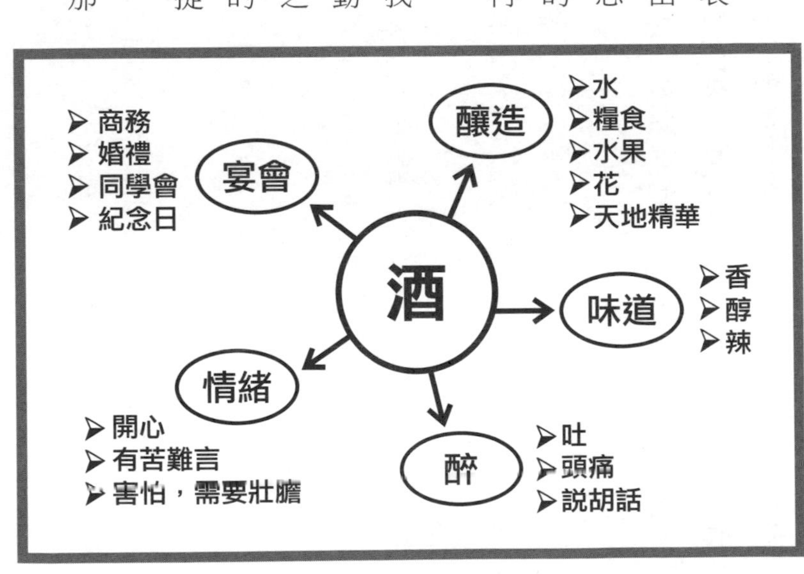

而我們的文案就可以從這些聯想詞語中得到有用的資訊，比如紅星二鍋頭的文案「把激情燃燒的歲月灌進喉嚨」、「將所有一言難盡一飲而盡」、「讓乾杯成為週末的解放宣言」……

四、使用ＭＥＣＥ分析法

ＭＥＣＥ，全稱為「Mutually Exclusive Collectively Exhaustive」，中文意思是「相互獨立，完全窮盡」。就是把一個工作專案分解為若干個更細的工作任務的方法，其原則主要有兩條：

1完整性，即分解工作的過程中不要漏掉某項，要保證完整性

2獨立性，強調每項工作之間要獨立，每項工作之間不要有交叉重疊

如果把它放在文案的撰寫過程中，就表示我們需要拆解產品的事物本身，並且要儘量完善地把屬於產品的元素，分門別類地列舉出來。有專業人士建議，ＭＥＣＥ的分析方法可以借助九宮格的形式來列舉產品優勢，就是將產品或品牌放在中間，再圍繞這個詞羅列內容。

我們以某服裝品牌為例，看下圖所示：

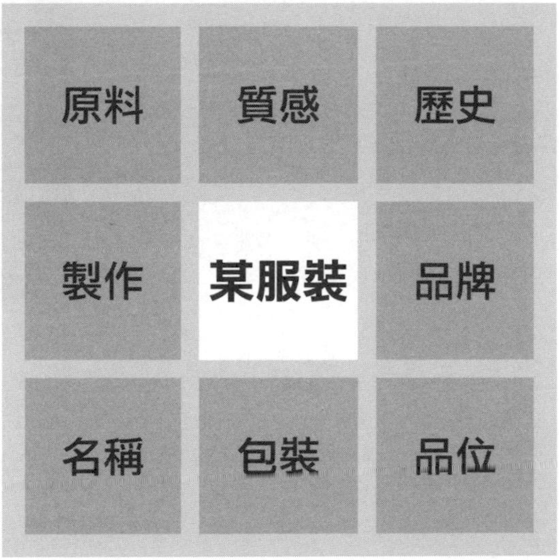

這種方式能夠幫助我們更準確、全面地把握產品的特點，最後撰寫的短文案即使無法做到出類拔萃，也不會跑偏，並且能做到言之有物。

以上列舉的四種方法都需要很大的工作量，並且看起來可能會有點「笨」。但這種「笨方法」做多了之後，自然而然地就會增加文案手自身的積累，讓我們在經驗和創意方面得到全面的充實，並在需要時迸發出足夠的靈感。

原料	質感	歷史
製作	**某服裝**	品牌
名稱	包裝	品位

第六章 玩轉新媒體 文案創作的七個姿勢

學會使用網路媒體語言

經典文案重播：文案高手，約嗎？

某公司在招聘文案策劃時，以「文案高手，約嗎？」為標題，撰寫了一則令人眼前一亮的招聘廣告。其內容如下：

「我們乃一介草民，待過還算牛的甲方，混跡4A廣告行業多年，服務過多種客戶，現在希望按我們的想法做一些自己想做的事情。

我們需要的文案：

有idea，天馬行空的idea，知道什麼是好的圖片和文字，也就是說逼格一定要高、愛生活愛旅行、瞭解什麼是互聯網熱點；會玩，也能靜下心來，花很多時間找很好的圖片。那麼約嗎？趕緊約！」

案例解析：

與傳統媒體時代只能被動接受商家的廣告相比，新媒體時代的廣告變得越來越有趣、多元。而網路語言的存在，讓如今的廣告語既能趕得上潮流，又能更加準確地描述產品特點。

比如因傅園慧而爆火的「洪荒之力」，還有之前的「友誼的小船說翻就翻」、「Papi醬」、「這是一道送分題」等，都能給人一種「萌萌噠」的感覺。所以，我們只要能在文案中用對網路語言，其氛圍就會顯得格外不同。

更何況，作為網友通過網路平台自主創造改變的話語符號，**網路語言能真實地反映出現代社會中的一些現實問題**。它大多來源於方言、外語、縮略語、諧音等方面，屬於一種混合語言。比如「做人不能太霍頓」、「一股泥石流」、「來啊，互相傷害啊」、「我差不多是條鹹魚了」、「講真」、「我走過最長的路，就是你的套路」、「辣眼睛」、「重要的事情說三遍」……

與文案手分享：

網路語言的傳播速度非常快，並且具有重要且又簡潔明瞭的基本特徵。如果我們能在文案中運用到網路媒體語言，就可以有效拉近與用戶的距離，增強文案內容的流行性，有利於提高廣告效益。

一、根據網路語言的特點創作文案

●新奇性

新奇性即舊詞新用，像論壇經常出現的「斑竹」就是「版主」的意思，這些詞語的出現，很大程度上都能夠反映出人們的新奇心理。

●調侃性

比如「**嫁人就嫁灰太狼，做人要做懶羊羊**」這類詞語的興起，都是用來調侃一些社會現象，網友可以通過這種方式來表達各自的狀態，或者用來彰顯自己的個性。

●時代性和短暫性

每年的網路媒體語言都層出不窮，但沒過多長時間總能被新的詞語代替。因此，當人們的關注焦點轉移時，那些舊的網路語言就會像「死在沙灘上的前浪」一樣，再無法吸引任何人的注意力。

二、文案中運用網路媒體語言的作用

●提高產品的品牌效益

由於網路媒體語言本身具有很強的娛樂性，所以，當文案手對其進行重新整理和編輯後，能夠使廣告文案顯得更加簡潔和清晰。通過這種輕鬆、幽默的表達方式，能夠有效形成輕鬆的氛圍，並增強產品的品牌效益。

比如淘寶商城的「**沒人上街，不代表沒人逛街**」，表面上並沒有把自身的商業目的表現出來，卻向用戶表達出淘寶可以為人們的購物提供各種便利條件，既減輕了用戶對廣告的排斥感，又有效提升了品牌的好感度。

●提高廣告文案的關注度

與一般的廣告文案相比，添加了網路媒體語言的廣告文案顯得更加活潑和形象，也更容易與用戶產生共鳴。比如戴爾系列廣告中就啟用了蔣方舟的兔女郎裝扮，這種裝扮不僅能夠吸引用戶的眼球，還能表達出很多年輕人想要突破內心的期望。與傳統廣告文案相比，這種方式更容易給使用者留下深刻的印象。

●使文案傳達的資訊氛圍輕鬆

廣告文案與人們的現實生活息息相關，但因為人們每天都在重複著相似的生活，所以那些新鮮的、有趣的資訊會更容易引起人們的注意，而這種輕鬆的資訊傳達方式，也更容易獲得目標使用者的認可。

但是，並不是任何網路媒體語言都可以運用到廣告文案的創作中，一旦運用不當或詞語本身存在爭議，就可能給產品帶來一些負面的影響。因此，我們在選擇和運用網路媒體語言時，最好能瞭解一下該詞產生的背景和相關事件，以保證應用的準確性。同樣，只有選擇一些具有傳播價值以及正確的價值觀引導作用的媒體語言，才能增強產品的特色。

能打動人，能傳播品牌

經典文案重播：好玩的段子分享

1 據說愛笑的女孩——魚尾紋都比較多

2 以後的路你自己走——我打車

3 從前有隻醜小鴨，不過人們發現牠雖然長得醜——可味道還是很好的

4你所有為人稱道的美麗——都有PS的痕跡

5你知道，就算大雨讓這座城市顛倒——公司照樣會算遲到

6餐廳和服務員起了爭執，氣得我奪門而出——服務員在我後面跟著喊：「你把門給我放下！」

7分手的那一天，留一把傘給你做紀念——你若不舉，便是晴天

8情不知所起，一往情深——再而衰，三而竭

9人生最重要的不是努力，不是奮鬥，而是抉擇——當你走到人生十字路口，不知道方向的時候，請停下來好好想一想，你是什麼星座？

10每次看到情侶在樹上刻下自己的名字——我就會陷入深深的沉思，為什麼有那麼多人帶著刀子去約會？

案例解析：

我們經常能在各種資訊管道上看到圍繞品牌、企業等創作的品牌段子，這種文案因為軟性植入、趣味性、去廣告化等因素，再加上沒有廣告的生硬，所以使品牌的資訊傳播起來有種「潤物細無聲」之感。

與文案手分享：

在這個娛樂為王的社交時代，有很多段子手大行其道，憑藉其風趣幽默的文風，俘獲了許多粉絲和廣告主的心。很多廣告主開始收編段子手，希望把這些風趣的語言運用到各自產品文案中。對此，不少文案手都紛紛吐槽：「是可忍，搶飯碗不可忍。」但是，作為最受網友歡迎的短文，段子雖然只有短短一百多字，甚至只有幾十個字，它裡面卻包含了無數智慧。一條好段子，可能需要寫手絞盡腦汁才能完成。下面我們就來看看，段子都有哪些創作方法？

一、利用諧音

創作諧音段子的方法並不難，主要是利用不同詞彙和語句的相似之處來製造笑點。這種段子方式很容易被人們理解，屬於大眾化的搞笑段子。而諧音段子所創造的笑點，一般就是諧音本身。比如：

A：「World sing how learn。」

B：「啥意思？世界唱歌怎麼學？」

A：「我的心好冷，你個土包子。」

像這種「中西合璧」的方式和原詞與諧音高度同步，就是諧音段子的關鍵笑點。

二、利用典故

套用典故創作段子的方式比較多，比如曲解典故、利用典故製造誤會等。這一般情況下，用破壞典故意境的方式來表達與之無關，或根本不需要典故的段子，往往能使文案獲得理想的效果。因為這樣的段子是由典故的強行加入產生的，能讓事情和典故本身產生氣氛衝突。比如：

「小明過河，不小心把他的山寨手機掉到了河裡，河神冒出來，先後拿出一部galaxy S4、一部 iPhone 5，問是不是他掉的，小明很誠實地拒絕了，最後河神把三部手機都給了他。另一人聽了很羨慕，第二天就把自己的諾基亞扔進了河裡，結果沒一會兒，河神的屍體冒出來了。」

這個段子的典故就來自我們從小接觸的故事，而使用這些典故來寫段子，很容易就能引起強烈的對比感。比如手機掉進河裡被河神撿到，就能產生一種古今對比。而諾基亞砸死河神，則是「老梗新用」。

三、利用歌詞

歌詞類段子同樣很常見，而較為高級的歌詞段子，一般都會根據歌詞和曲調的氣氛或者是給人的印象上做些文章，讓段子在歌詞的配合下變得更有笑點。比如：

項羽被劉邦圍在垓下，夜間項羽聽見四面響起楚歌，大驚道：「是誰在唱歌！」

虞姬一愣：「溫……溫暖了寂寞？」

虞姬一開口，歌詞就莫名其妙地銜接上了，同時也瞬間讓悲情的氣氛崩盤。而這，正是這種段子的笑點所在。

四、一本正經的「歪樓」

現實生活中，總有些人能把一句一本正經的話「歪」得找不著邊，而這種「歪樓」的形式，基本又可以分為以下幾點：

●把熱門事件的重點歪掉

從熱門事件中的其他資訊著手，或乾脆把重點給「歪掉」，讓原本的熱門事件在段子裡變成事件重點和實際表達重點完全不符的情況，就可以讓我們的段子產生足夠的笑點。比如：「李代沫可惜了，如果按正常發展軌跡的話，應該是出專輯，開演唱會，大紅大紫，然後代言洗衣粉。」

這個段子的內容看似在為李代沫惋惜，結果卻因為一句「然後代言洗衣粉」而「歪掉」，讓人瞬間就有種爆笑的衝動。

●讓動物成為段子裡的主角

動物是很多段子裡的主角，而在寫動物的段子中，肯定要使用擬人的手法。在這個過程中，最好能利用到動物身體或習性上的特點，以作為產生槽點或笑料的重點。就像蜈蚣腿多、熊貓是黑白的、霸王龍「手」短等特性，都能夠成為段子中的亮點。

比如：「兩隻蜈蚣談戀愛，然後決定結婚了。司儀說請新郎新娘互換戒指、互換戒指、互換戒指、互換戒指、互換戒指、互換戒指、互換戒指、互換戒指……」

●使用奇怪的邏輯思路

一個好的段子，都不會拘泥於正常的思路和想法，並且能做到意外的合理。所以，我們在使用這種方法的時候，往往需要放棄正常的思考流程，才能讓關注點和對話完全歪到一個奇怪的方面，從而使段子富有戲劇性的場面和笑點。比如：

A：「今天遇到一個乞丐，他說：『可憐可憐我吧，我已經記不起來上一次是什麼時候吃的飯了。』」

B：「那挺可憐的，你是怎麼做的？」

A：「我也覺得，於是我就安慰他說：『別著急，慢慢想。』」

想要寫出一個意料之外而又情理之中的段子，我們就需要：先多閱讀別人的段子；時刻觀察身邊發生的事以及自己內心的「荒謬感」，尤其是那種「不體面的真實」；跳出常態思維，學會適當地打破禁忌、規則；學會如何順暢生動地表達。

總而言之，我們要記得，「好段子」不是被發明的，而是被發現的。另外，只有渾然天成的段子才能被叫做好段子，那些生拉硬拽的諧音、異讀，則是令人生厭的。

時刻關注行業動態追熱點

經典文案重播：守得住，才能贏得穩

二〇一七年三月廿三日晚，中國足球以一比〇戰勝韓國隊後，趁著全國都在普天同慶時，騰訊手機管家以「守得住，才能贏得穩」、「有實力無所懼」為文案，巧妙借勢，並獲得了無數點擊率和轉發量。

案例解析：

蹭熱點文案的成功在於，能夠成功借勢並獲得傳播認知，其關鍵點在於：快速反應、精準策劃、有效施行、強力監控。

騰訊手機管家的文案就是如此，再比如二〇一四年「科比超過喬丹」這一新聞成為熱門話題時，京東也曾推出一則文案：「之所以會超越傳奇，是因為成功者都在他人看不見的地方流下過無數辛勞的汗水。」、「我知道洛杉磯每一天凌晨四點的樣子——科比‧布萊恩特；我知道北京每一天凌晨四點的樣子——京東配送小哥」

京東同樣是貼切地借助於熱點，塑造了一個像科比一樣勤奮的「京東配送小哥」的角色，並給人留下了非常深刻的印象。

再比如海爾的官微曾發過一篇很好的借勢文案，憑著「王健林：海爾砸冰箱才幾個錢？海爾霸氣回應」一則事件，海爾官微在微博上一夜爆紅，幾乎所有品牌官微都開始借勢「海爾體」。

與文案手分享：

目前，借勢湊熱已經成為各大品牌的行銷標配，但在做借勢文案時我們還是要注意兩個問題：一是要快，因為過了那個熱點時間後，用戶就不會再關注了，到時候再好的文案也是白搭；二是要巧妙，要將熱點事件與自己推廣的產品巧妙地結合起來。

那麼，我們要如何才能寫出成立的借勢文案呢？以下幾個方面可供大家參考：

一、關注熱點事件

我們不僅要時時關注熱點事件，還需要對事件進行分辨，畢竟不是什麼都能拿過來當作文案素材的。

比如在二十世紀八〇年代的美國，當時女權主義得以盛行，很多人都在討論女性的地位應該與男性平等。而一家雪橇公司正在為滑雪場的銷售而煩惱，因為雪橇的購買者只有寥寥無幾的男性。之後，《文案訓練手冊》的作者約瑟夫•舒格曼給他們出了個主意，讓他們在華爾街日報刊登一則新聞，表示「我們滑雪場的雪橇不賣給女性」，並說明合理原因。

這篇文章很快成為大家爭議的焦點，然後隨著女權運動的不斷深入，該公司被眾多女性所知，他們又宣佈「我們尊重女性與男性的平等要求」。結果就是，那家滑雪場的雪橇得到了大量的銷售訂單。

當我們在融合熱點與產品時，一定要深入瞭解產品的特性。就拿雪橇的例子來說，滑雪算是一項極限運動，尤其對女性來說，它的危險性是不容忽視的。但在廣告文案完成後，購買雪橇成了解放和獨立的象徵，女性玩雪橇代表著她們與男性擁有同樣的地位。

二、經常關聯思考

關聯思考，是一種思維方式的鍛煉，在進行關聯思考時，我們需要做到以下幾點：

●找到共鳴感

所謂「共鳴」，顧名思義，就是讓受眾覺得，我們能說出她們想說卻又表達不出來的東西。以至於讓他們發出「對對對」的贊同聲。這需要我們從使用者的角度出發，找到他的痛點，才能進一步找到「共鳴感」。

●要有創意

所謂有創意的文案，它可能是幽默的、有設計感的、意料之外的等。但無論如何，它肯定是能夠吸引人們為之驚歎的。這就需要我們在文案中要有自己獨一無二的想法，並能與產品的特點有效地結合起來。

就像許多品牌在奧運期間，都會以運動精神為切入點，借力奧運會創作關聯文案。比如海信的「世界看我表現」；安踏的「去打破」；361°的「用熱愛贊助熱愛」；滴答拼車的「里約奧運，就是要拼」……

三、哪裡才能找到熱點？

在網路上，凡是人群集中的地方就會有大資料指數，這些都是能讓我們更快掌握最新時訊熱點的地方，可以幫助我們為傳播、變現提前做好準備。

情懷，要談，還要會玩

經典文案重播：帳單日記

生命只是一連串孤立的片刻，靠著回憶和幻想，許多意義浮現了，然後消失，消失之後又再浮現。——普魯斯特《追憶似水年華》

二〇〇四年，畢業了，新開始。
支付寶最大支出是職業裝，現在看起來真的很裝。
二〇〇六年，三次相親失敗，三次支付寶退款成功。

慢慢明白，戀愛跟酒量一樣，都需要練習。

二〇〇九年，百分之十二的支出是電影票，都是兩張連號。

全年水電費有人代付。

二〇一二年，看到十二筆手機支付帳單，就知道忘帶了廿六次錢包，點了廿六次深夜加班餐。

二〇一三年，數學廿三分的我，終於學會理財了，謝謝啊，餘額寶。

二〇一四年四月廿九日，收到一筆情感轉帳，是他上交的第一個月生活費（包養你）。

每一份帳單，都是你的日記。

十年，三億人的帳單算得清，美好的改變，算不清。

支付寶十年，知託付。

——支付寶十周年《帳單日記》宣傳片

案例解析：

下筆如有神很難，寫一句好的文案更非易事。這不僅需要文案手具有長年累積的基礎經驗，還要有超高的情商，再憑藉對人性各方面的領悟，以結合商業所需要的元素，從而創造出能夠打動人，甚至能改變受眾想法的文字。

就像支付寶十周年《帳單日記》的宣傳片，它的內容包含十年、成長、回憶等，主人公從初入社會的懵懂走過十年的時間，充滿著濃濃的情懷味，讓人忍不住回憶起那些令人印象深刻的場景。

比如可口可樂的「歌詞瓶」，世界盃主題曲到畢業季應景歌；歷時兩年的錘子手機創始人羅永浩說的：「在屢次被黑的道路上，更加愛這個世界；即使不被他人理解，也並不放棄產品。」各種文案用煽情的言論一邊展現其個人情懷，一邊讓不少消費者買單。

與文案手分享：

什麼是情懷？為產品和品牌注入情感，並以此建立起與眾不同的差異化壁壘，就是情懷。而這種基於感情色彩的溝通內容，則是最容易觸動用戶的內心世界並引起共鳴的。所以，現在越來越多的人開始喜歡玩情懷。

那麼，我們該如何才能寫出滿含情懷的文案呢？

一、把自己當成目標使用者

好文案都是有針對性的，並且針對的範圍一定要精準，不能沒有具體標準。因此，目標使用者應該是一群富有具體特點的人，最好能具體到這群人身上的性格、價值觀、生活習慣、喜歡的衣食住行、吃喝玩樂等，必要的情況下，還需要能夠精準到某一個富有典型代表的人。

通過洞察這個人的三觀、精神世界等，瞭解他衣食住行中的細微習慣，逐漸對這個人的方方面面進行剖析。只有這樣，才能找到目標使用者真正的內心需求，然後投其所好，寫出符合對方胃口的文案。而文案手則可以把自己當成是這個具體的目標使用者，想像著，如果是自己，會被什麼樣的文字打動，自己又會喜歡什麼樣的文案？如此，才能更好地打動消費者，寫出具有情懷的文案內容。

二、有感情的文字，能從功能需求上升到情感需求

根據調查分析，功能需求類的文案總是容易被替代，情感需求則會越來越持久和專一。一篇只是乾巴巴地講述功能的文案，很難打動消費者，所以，即便是必須講功能的文案中，也需要結合情感進行述說。

另外，有情懷的文案，在文字中都富有強烈的感情，能夠描述出真實而具體的情感和細節，並讓情感從細節和文字中流露出來，而不是用所謂「高大上」的語言直接去描述和表達情感。

三、要產生深刻的沉浸感

有情懷的文案都能讓人產生深刻的沉浸感。比如微信朋友圈中被廣泛傳播的H5應用，它之所以受到企業和品牌的青睞，很大程度上就是因為它的多媒體技術和互動技術所帶來的華麗視覺效果。而在這些H5中，情景和文案也是它能夠取勝的關鍵點。如下圖所示：

因為H5能夠同時使用音訊、動態圖片、文案、互動設置等技術，所以能有效帶給人聲色光影的綜合享受，也更合適為用戶打造出一種溫暖感人的閱讀氛圍。在那種悠然舒緩的節奏中，很容易觸及人們心底最柔軟的地方。

最後我們要注意一點，有情懷的好文案都來自於生活，同時也高於生活。需要文案手多看、多玩、多想、多寫，才能創作出來。

讓文案被更多人分享

經典文案重播：「煥新大賞」

二〇一六年三月，女性時尚消費平台蘑菇街、美麗說及淘世界首次聯合開展春季大促銷。以「煥新大賞」為名，利用《西遊記》、《星戰》、《貞子》三部影片的故事橋段，推出了一系列腦洞大開的廣告短片。

比如唐長老發現了西天取經的捷徑，所以他不巴結菩薩，不依靠徒弟，只用一個手機APP就搞定眾女妖精；《星戰大戰》中的天行者變成女兒身，經典台詞「I'm your father」被換成了「I have a daughter」；還有貞子換上春裝後開心狂奔的樣子。

除了短片之外，官方還發佈了配套系列海報，比如：

白骨精：「妖精多了和尚明顯不夠用，想要（抓和尚）業務靠譜，還得換套新的試試！」

孫悟空：「取了西經，可能還有東南北經，取經派網紅也得換套新的試試！」

黑武士：「孩子大了，我不能總黑著臉給（他）她丟面子，好爸爸需要換套新的試試！」

貞子：「要見網（鬼）友伽椰子了，我可不能輸，必須換套新的試試！」

天行者：「想要戰勝反派，還得出其不意，看我換套新的試試！」

——《別來這一套》系列廣告文案

案例解析：

像「煥然一新」這種「惡搞」文案，屬於是一種比較「玩火」的文案，這種文案玩得好，能賺得大量傳播，但如果玩得不好，就很容易變成「自黑＋用戶黑」。

比如海爾公司準備為海爾兄弟徵集新形象時，曾發起了「大畫海爾兄弟」活動，呼籲網友在指定網站上傳作品。然後在很短的時間裡，就有大量「惡搞」海爾兄弟的作品湧入網站，像土豪版、好基友版、肌肉美男版等。這樣的活動走向雖然超出了海爾的預料，但確實對其品牌的年輕化起到了正面的引導作用。

惡搞類的文案一般都具備有趣、個性，以及有極強互動性的特徵。更何況，廣告推廣的手段要與時俱進，並能潛入目標顧客的心智，才能達到溝通最大化的效果。所以，在可控的範圍之內，這種文案對品牌的年輕化能夠起到積極的作用。

比如子曾經曰：「知之為知之，不知Google之」；比前任的心還冷；笑掉了我一口假牙……每當看到這種惡搞文案，嘴角的笑神經總會不自覺的上揚。

與文案手分享：

根據專業人士的研究分析，想寫出一篇好的惡搞型文案，我們可以從以下幾個方面入手：

一、利用真實經歷

被惡搞的笑點總是源於生活而高於生活，因此，在很多時候，只有真實發生的事情才是最好笑的。比如某個豬飼料的文案「世界上有兩個地方，體重就是地位。一個在相撲場上，一個在豬圈裡。」這種取材於真實生活的場景，會讓人覺得有洞察感。

二、妙用雙關語

「雙關語」是一種利用文字、語言上的多義和諧音，從而給人造成一定的誤解或似是而非的感覺，幫助文案形成幽默的氛圍。

三、使用災難效應

所謂「災難效應」，就是有一些事情一旦發生後，結果會異常慘烈，但事情卻突然出現了轉折，讓這件悲慘的事情不會發生了。然後人們就會本能地喘口氣，並用一種「僥倖的笑」進行回應。像這種情形，我們經常能在星爺的喜劇片裡看到，比如電影中發生在星爺身上的各種各樣小災小難，越是奇葩，觀眾笑得越開心。

另外，這種幸災樂禍式的幽默，杜蕾斯的文案中也會經常用到，而它所產生的喜劇效果也非常棒。比如「當父親的代價：奶瓶費、保姆費、童車費、玩具費、童裝費、奶粉費、尿布費、學費、生活費、買車、買房、結婚……不當父親的代價，僅為小杜杜。」

現在，很多國際大牌已經開始用表情包來作為推廣行銷的手段，並通過表情包來傳遞企業理念及產品資訊。比如在百事可樂的一則廣告文案中，就是以表情包為主，如下圖所示：

案例解析：

廿一世紀的人類，請問還有誰不知道表情包？在這個時代裡，人們都秉承著「能發圖就不打字」的優良傳統，將表情包事業發展得如日中天，讓它做到了「只有最流行沒有更流行！」

其實很多人都不明白，不過是簡單的圖片而已，表情包怎麼就火到了能「代字」的地步？究其原因，大概有以下幾點：

1 年輕群體在自我表達方面有著截然不同的取向和習慣，所以對表情包這種活潑跳躍的表達方式有著較高

的接受能力；

2 表情包有網感、畫面感、互動性強、接受度高、易理解傳播等巨大優勢。

既然表情包有這麼多優勢，作為一個想要掌握更多年輕用戶的文案手，怎麼能沒有自己的表情包圖庫呢？

更何況，這是一個娛樂至死的時代，也是一個網路比四肢更發達的時代。像「鑽石恒久遠，一顆永流傳」這樣的經典文案，在資訊爆炸的環境下同樣可能被人們所忽視，更何談流傳下來。

但表情包不同，像「爾康」、「金館長」這些表情包，可能我們寫一輩子文案也無法做到這樣的傳播量。事實也是如此，很多文案手寫的文案都不如一個簡單的表情包。這不是說人家寫的文案不好，而是表情包更容易吸引大家的眼球，因為表情包有網感、畫面感、易理解傳播、互動性強等撒手鐧。

所以，現在表情包不僅能讓人們壓抑又充沛的情感表達出口，更是應對繁雜世界的一種道具。

與文案手分享：

有句話說：「任何東西只要存在就有價值，有價值的東西就能轉化盈利。」對表情包來說同樣如此。它現在已經從一種文化現象轉變為一種產業，並且它的諸多方面都能體現其商業價值。我們可以具體來看一下：

一、網感

互聯網時代，網路有獨屬於自己的語言風格，我們把它稱為「網感」。表情包就是其中最有特色的語言風格，它隨時都可能會蹦出來，然後活潑亂跳。

所以，現在很多公司對文案手招聘要求，網感好已經超過了文筆好的地位。因為文案本身就具有節約傳播成本的目的，而通過網路傳播的方式，則最有可能達到這一目的。

二、畫面感

表情包就是通過動作和表情來傳達資訊，它本身就是一種畫面，能夠傳遞出一種動態的資訊。另外，一個表情包並不會讓我們增加多少閱歷或見識，但作為一種休閒消遣，它絕對做得到。

因此，如果表情包沒有畫面感和可讀性，那就不要用了。簡單來說，我們所使用的表情包要麼有料、要麼就要有趣，否則就失去了它特有的意義。

三、易理解記憶

有人笑談：「如果魚的記憶只有七秒，那牠可能會記住一個表情包十秒鐘。」這雖然是一句玩笑話，卻直白地表達出表情包的特點，即它能傳遞一種情緒畫面，其資訊也很容易被人們鐫刻在腦子裡。

生活中有很多文案總是喜歡裝高深莫測，結果說了半天，別人卻什麼也沒明白。要知道，文案的原則是為了讓人們記憶深刻，而記憶深刻的前提是要求人們必須對它有所理解，然後才能完成資訊的傳遞。表情包就很好地完成了這一點要求。

四、互動性強

根據現象和資料分析，我們能夠知道，表情包具有很強的互動性。有了表情包，即便是「話題終結者」，也能順利和人交流。而這，很大程度上是因為表情包的幽默感。回想一下，我們看到的表情包有哪個是不搞笑的？即便不搞笑，也一定是「賣萌」的。另外我們要記住一點，表情包大多數都是文案手做出來的。因此，要想做一個好文案，就要先把表情包「撂倒」，在此之前，要先向表情包學習，讓自己的文案變得有網感、有畫面感，並且可讀性強。

第七章 眼睛與心靈的距離 深度剖析文案視覺化

讓廣告更具視覺衝力

經典文案重播：某酒精飲料廣告

旭日東昇，水中也倒映著一個太陽。

波濤蕩漾，攪碎一片金波，寫著酒名字的金色字體從水中冒出。

鏡頭逐漸拉遠，一個巨大的金色酒杯擺在山海關的烽火台上，杯中是變小了的酒名字樣。

遠處是沐浴在朝陽中的大海，海水裡跳動著一個初升的太陽，大酒杯裡也閃動著一個紅太陽，和酒名字樣共同組成一幅宏大的畫面。

一個身穿紅色晚禮服的女人從烽火台上躍入大海，伴隨著一個渾厚的男聲：「用大海的胸懷為你的生活融進太陽。」

案例解析：

廣告文案是廣告作品中的語言文字部分，它具有傳達廣告資訊、表達廣告創意、塑造品牌形象與企業形象、限定廣告畫面的內容。

而視覺是一個生理學詞彙，它是指視覺神經支配下的感覺器官，接受外界一定範圍內的外界刺激，再經過中樞神經相關部分加工與分析之後所獲得的主觀感覺。而所謂衝擊力，則是帶有衝擊性的力量。

也正是因為這種視覺衝擊力的存在，才能更好地吸引了人們的注意力。所以，一個成功的廣告設計方案必須具有一定的視覺衝擊力，而這，就需要我們在設計廣告文案的過程中，必須考慮到衝擊目標使用者的視覺甚至是心靈上的衝擊力。

另外，很多文案手都知道，強烈的視覺衝擊力，是建立在能夠有效增強廣告設計的效果之上的。就像每個人都具有好奇和一探究竟的獵奇欲望，所以人們會給予不同於一般的事物更多地瞭解和關注。

比如在一大堆同類型的廣告設計方案中，對那些一下就能吸引自己眼球的方案，總是會更加細緻地閱讀，而對其他缺乏個性的方案只會匆匆一掃而過。這種能讓人更加細緻地一探究竟的作用，其本身就具有視覺上的衝擊力。

與文案手分享：

在文案設計中，這種帶有衝擊性的力量是建立在打破常規的、適度創新和研究欣賞心理的基礎之上，所產生的一種內在的力。所以說，視覺衝擊力就是用不同於一般的外界資訊刺激視覺器官，從而給人們留下深刻而持久的撞擊力。而這些，都是可以通過完美的廣告設計構圖來實現的。

那麼，我們要如何有效提高廣告文案中的視覺衝擊力呢？

一、根據目標使用者特徵設計廣告方案

這裡的目標使用者是指廣告的服務對象，也就是該廣告將針對的什麼樣的人群進行資訊傳輸和宣傳。一般情況下，目標使用者的關注度與認可度，能夠從根本上決定廣告設計方案的成功與否，也將確定廣告方案是否具有視覺衝擊力以及視覺衝擊力的大小。比如在一款針對老年人用品的文案設計中，我們就要考慮到老年人群的視力、審美等方面的具體特徵。在針對兒童群體的文案設計中，我們就需要注意孩子的心理

特徵。通過這種對目標人群特徵的把握與運用，才能最大可能地設計出迎合目標使用者特徵的廣告文案，其廣告設計才能更具視覺衝擊力。

二、根據具體目標設計適合的廣告方案

每個廣告的文案設計都是針對具體的產品或相關的專案進行的，這就表示我們在這個過程中必須考慮產品或專案的相關特性和目標，並對其進行具體的分析，然後才能設計出具有視覺衝擊力的廣告文案。

比如某產品的品質是它的最大亮點，那麼視覺衝擊力的建立，就應該從如何讓該產品品質上的優點更突出、更能吸引人、更具視覺衝擊力上展開分析與設計。像這種通過具體產品具體分析、具體專案、具體構架的思路所展開的設計方案，才有可能成為吸引目標使用者的廣告方案，使其更具視覺衝擊力和震撼力，從而達到廣告文案的宣傳目的。

三、關注基本的構圖法則

基本的構圖法則有三分法、黃金交叉點、三角形構圖等，而在這些規則之外，還可以運用幾何造型所構成的穩定感；對比創作所形成的相互抗衡或呼應；延伸所帶有

的透視意味等。具體如下：

●幾何造型式的構圖法則

幾何圖形一直是穩定與均衡構圖的好方法，比如在伊斯蘭藝術中，其創作者就是摒棄了人物、動物等各種有形的裝飾，只以花草形狀和純粹的三角形、四方形、圓形等幾何形式不斷重複混合拼貼，並以此構建出了令人讚歎的清真寺。

●對比式構圖

對比式的構圖能夠營造出影像的動感和氣氛。一般情況下，只要兩件事物的外觀、顏色、質感等方面具有分庭抗爭的形式，都可以運用對比的方式來進行構圖。

●用透視法創造延伸感

透視法是西方古典繪畫中的一種備受重視的構圖基礎，因為在任何題材的佈局中，我們都需要先考慮消失點的位置，才能進一步安排線條與色彩，從而在二維平面上創造出以假亂真的三維空間感，讓整個構圖產生自然誕生的感覺。

比如「垂直出血」的方式，就是讓構圖的主體「掐頭去尾」，以形成上下延伸的感覺，讓畫面的上下兩端因裁切而形成延伸感，讓讀者對主體的高度產生想像。另外，垂直出血還可以和其他構圖技巧混搭，營造出不一樣的視覺感受。

最後，每個專案給文案手的時間都是有限的，我們的核心重點在於弄清楚產品的功能核心和賣點，並把它們突顯出來，最終讓用戶獲得更為舒適的體驗。雜亂無章的文案堆積，會讓廣告設計顯得非常糟糕，甚至會讓用戶因為找不到自己想要的資訊而馬上流失，留下非常不好的印象。所以，我們需要加強對構圖的重視，通過對構圖的思考，讓設計文案變得更有條理。

讓閱讀成為悅讀

經典文案重播：各種純文字海報

不少文案手創作出來的純文字海報不僅不顯單調，還能吸引用戶的眼球，如下圖所示：

《快與慢》海報

英文字母海報

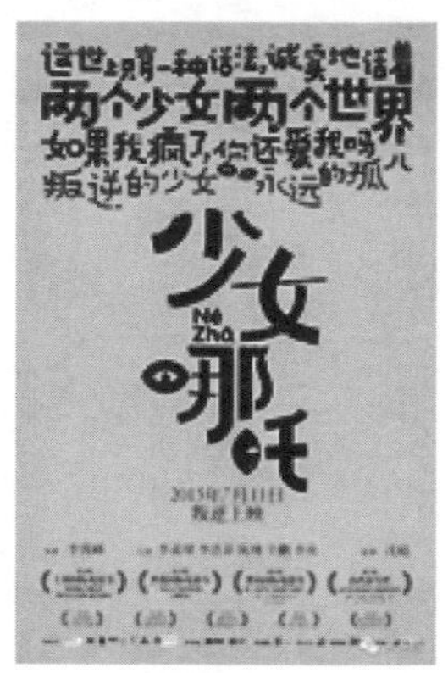

《少女哪吒》海報

案例解析：

我們在生活中看到的很多海報，都是文字和圖形的結合體，裡面圖形化的設計總能吸引用戶的眼球。但有些文案手卻喜歡把文字設計成各式各樣的圖案，直接以文案為主題。雖說這類文案只是單純的文字組合，卻同樣能讓人眼前一亮，比如以上這些純文字的海報。

除此之外，純文字的編排，還能給用戶帶來很大的新奇感和直觀感。比如在一則招聘廣告中，文案手就是對「招聘」二字進行分解，表示公司的招聘要求是：「沒有一雙勤勉能幹的手，不要」、「沒有一把犀利快意的刀，不要」、「沒有一張能言善辯的口，不要」、「沒有一雙兼聽八方的耳，不要」、「沒有一種死心塌地的軸，不要」、「沒有一顆虛懷如『虧』的心，不要。」如下圖所示：

與文案手分享：

文字的編排，主要只為了合理地佈局文案並有效突出產品

召聘　沒有一雙勤勉能幹的手，不要！

扣聘　沒有一把犀利快意的刀，不要！

扨聘　沒有一張能言善辯的口，不要！

招甹　沒有一雙兼聽八方的耳，不要！

招聏　沒有一種死心塌地的軸，不要！

招聃　沒有一顆虛懷如「虧」的心，不要！

重點。那麼，文字的編排佈局到底該如何運用呢？下面，我們就來具體瞭解一下：

一、文案的佈局要合理

要想合理佈局文案，就要先考慮版面的空間問題。一般空間的佈局主要有三種，即中心分佈、左右或上下分佈、對角線分佈。如下圖所示：

其中，中心分佈是一種最為穩妥、保險的排版。在這種排版方式中，文字是主要內容，也可以與圖片相關聯，具有方便閱讀、畫面穩定的效果。

上下、左右式的佈局方式，是很多文案手經常會使用的分佈形式。這種分佈排列方式很容易平衡版式，在最終效果上，也能有效表示出內容與文案的區別對應。

對角線分佈，則更具視覺衝擊。這種佈局方式不顯呆板，文案一般在裡面的作用都是輔助說明，畫面的主體多為展示產品細節。

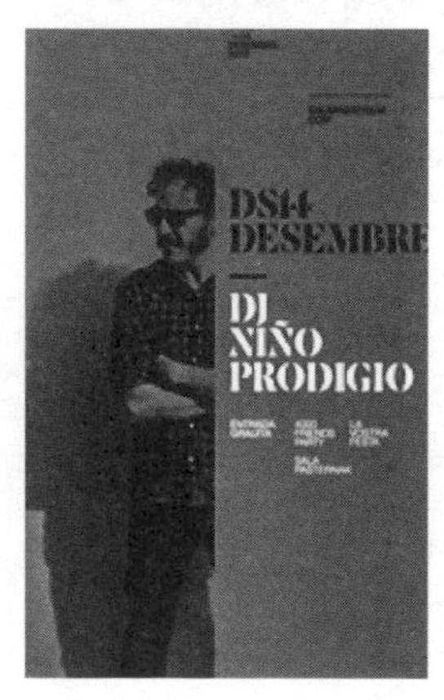

二、文案排版的妙招

優秀的排版總能讓我們的文案更顯檔次，也更有邏輯性，易於讓人接受。下面我們就說幾個簡單實用的排版小妙招：

●運用對比

運用對比，就是讓文案本身的字體產生差異，以形成對比。比如文字的大小對比能突出主次；文字的粗細對比能產生視覺中心點；不同的字形對比能讓文字變得更自由、活潑等。有了對比，才能讓文案更有視覺衝擊力。

●運用中英文結合

很多人都覺得用英文排版更好看。之所以會產生這效果，不僅是因為英文更顯「高大上」，更因為英文字母的構成較為簡單，能夠靈活多變，具有很強的圖形感。所以，我們在做文案排版的時候，不妨使用雙語編排，尤其是在標題和重要段落上，這種方式能有效吸引讀者的目光，並增強讀者的閱讀興趣。

●添加修飾效果

通過給文案進行各種加、減、乘等形式的修飾，可以為單調的文字加上一些細膩的細節。比如在基礎文案上添加一些元素，就能起到加強重點、平衡版式的作用；

或者對文案的邊緣進行裁剪，就能有效擴大空間感。如下圖所示：

除此之外，還可以使用文字的錯落、疊加、交錯等方式，讓呆板的文字變得更具空間感和靈活性。具體如何使用，還需我們自己領會。

邊緣裁剪　添加框線

提升廣告作品的顏值

經典文案重播：百事少林功夫篇

這是一篇百事可樂的影視廣告，整個故事情節圍繞一個外國小男孩到少林寺習武的經歷展開。經過千辛萬苦後，小男孩長大成人，最終成為一名武林高手。然後在結尾處，文案手合理地把「百事可樂」融入故事中。

案例解析：

在《百事可樂功夫篇》中，文案手對色彩的應用合理自然，其中色彩的完美表達和經典的廣告創意更顯得相得益彰。比如這篇廣告的基調是以紅、黃、綠結合的暖色系，其中紅色是朱紅，綠色用青綠，廣告的整體顏色並不豔麗，反而稍顯暗淡。

廣告中紅色的牆、黃色的衣、綠色的山正是少林悠久文化的顏色，合理的表現出一種千年古剎的神秘之感。最後藍色的百事可樂出現在畫面中，在一片暖色的襯托下，冷色的百事可樂更加顯眼、突出。

馬克思曾說過：「色彩的感覺是一般美感中最大眾化的形式。」因此，在現代廣告設計中，色彩是最重要的情感表達手段，它是幫助我們產生視覺衝擊力和藝術感染力的重要因素。色彩不僅能在畫面中起到均衡構圖的作用，還具有傳達不同色彩語言、釋放不同色彩情感，從而起到讓使用者與廣告畫面進行良好溝通的作用。

根據專業人士調查研究表明，無論是有彩色還是無彩色，都有著獨屬於自己的表情特徵。

比如紅色屬於暖調，它擁有興奮、幸運、忠誠、火熱、潔淨、感恩等特徵；橙色屬於暖調，它擁有自由、希望、光亮、樂於助人等特徵；黃色屬暖調，它擁有溫暖、光明、富有、正義感等特徵；綠色屬冷調，它擁有健康、清新、生命、恩惠、盼望等特徵；藍色屬冷調，它擁有悲傷、冷漠、忍耐、動感、活力等特徵。

而每一種色相的純度和明度發生變化，或處於不同的顏色搭配關係時，顏色的表情特徵也會隨之改變。不僅如此，根據美國有關報導，如果在報刊廣告中增加一種顏色，就能比黑白廣告增加百分之五十的銷售額，而全色廣告則能比黑白廣告高出百分之七十的廣告效益。

另外，科學家們經過研究發現，人的大腦神經對色彩的反應是最快的，好的色彩運用能夠表現出不一樣的視覺效果，進而能夠帶給人非常深刻的記憶。

比如在面對一則廣告畫面時，最開始人類對色彩的感知是八十，對形狀的感知只有二十；兩分鐘後，人們對色彩的感知為六十，對形狀的感知則變為四十。因此，我們有理由相信，當我們觀察物體時，最讓我們敏感的是色彩。

與文案手分享：

在文案設計中，色彩的運用是非常重要的，它是決定產品能否成功的關鍵。下面我們就來具體看一下：

一、色彩對文案的重要作用

在我們的現實生活環境中，色彩佔有了重要的組成部分，是我們生活中的重要一員。具體表現為：

●色彩具有感知作用

經過對色彩的感知研究，我們發現色彩與我們的文化、愛好等方面都有聯繫。簡單來說，同一種顏色在不同的時間、地點、心情下所產生的感覺是不一樣的。比如在夏天，大多數人在看見紅色時都會覺得很煩躁，但在冬天卻很少會這樣。

●色彩對人心理有作用

色彩對人們的心理有著刺激作用，比如紅色會讓我們感覺情緒激動、血壓升高；藍色會讓我們情緒安靜、安詳。再比如說很多人都會選擇用一些鮮明的色彩來引導兒童的智力發展，而不會選擇用黑色等沉重的顏色，因為那會讓他們感到壓抑。因此，文案手在產品設計中能否選擇合適的色彩，對產品的推廣宣傳將起到重要作用。

●人對色彩的記憶

每個人對色彩的記憶，會由其個性、年齡，以及所處自然環境和社會背景等多種因素而形成較大差異。一般情況下，人們對暖色系的記憶要比冷灰色系強；對原色的記憶比調和色強；對明清色的記憶比暗色強；對華麗顏色的記憶比樸素顏色要強。

不僅如此，因為所處背景不同，人們對顏色的記憶也會發生很大的變化。比如暖色的純色要比同色的高明度色彩記憶要高，冷色系的純色則與同色高明度記憶效果大致相同。

總結來講，就是色彩單純、形象簡單的文案設計，要比形態複雜的更容易記憶。我們只有對色彩的記憶進行一定瞭解，才能把它更好地運用在文案設計中，並讓我們的文案給人留下深刻的記憶。

二、色彩的「感情」在文案中的運用

很多文案手都知道，色彩是有「溫度」的，而在文案設計中，我們就要用這種色彩的溫度感來表現產品與它相對應的「屬性」。

就像在食品廣告中，一般會選擇暖色為基調，比如用橘黃色來表現麵包，能夠有效表現出麵包的香甜可口、健康、純天然等特徵。試想一下，如果用冷色調，就難以取得這樣的廣告效果。下面我們就來看一下，色彩的這些「感情」在文案中的運用。

●色彩與產品的「價位」有關

如果我們想提高產品的價位和檔次，就可以借助色彩的華麗來表現產品高貴的形象。比如紅色所彰顯的華麗感比較強，所以在金銀首飾、高檔化妝品、名表等產品中，很多文案手都會選擇用紅色來包裝產品，以襯托出產品的高品質。

●色彩的明快感能使受眾者更愉悅

人們在面對色彩明快的廣告時，總會顯得很快樂，從而會很容易喜歡它。反之，在廣告中如果出現大面積暗淡的顏色，則會讓人感到陰暗，並產生一定的負面情緒，進而對它產生反感。我們也可以利用這一點，儘量在產品文案設計中選擇暖色、純色、明色以及強烈並賦予調和的色調，讓受眾者獲得更多的愉悅感。

●色彩能讓讀者產生興趣

產品文案設計的畫面一般都是以運用讓人興奮的色彩為主，比如紅、黃等色，還有一些明度高、純度高或對比度強烈的色彩，能夠有效刺激讀者的感官，起到使讀者興奮的效果，從而給人們留下深刻印象。比如電腦、數位相機、手機等科技產品的廣告設計，幾乎都是用冷色系，因為在冷靜的色彩前提下，能夠顯示出科學的嚴密、可靠的性能，給人以品質的感覺。

總而言之，色彩在文案創作中具有重大意義，我們不僅要從色彩心理上認識色彩的重要性，還要注意色彩與色彩的組合在廣告設計中所起到的作用。

為廣告作品營造意境

經典文案重播：某中成藥電視廣告文案

一組極美的自然風光出現在畫面中，草原、河流、大海、沙漠、山川……

旁白：「我們生活在自然中。」

氣象員在播報天氣預報；植物學家在熱帶叢林中丈量植物的葉片；潛水夫拿著水下攝影機在拍攝海底動物；動物學家把大猩猩送回大森林，猩猩轉過頭，眼底露出不捨的目光。

旁白：「我們在關心著自然。」

烈日下人們在收割麥子；陽光中人們在沙灘上曬日光浴；森林裡原木搭成的小木屋；北極的因紐特人把寬大的裘皮帽子帶在頭上；竹排在碧綠的江水中劃過。

旁白：「自然也在關心著我們。」

在一棵枝葉繁茂的大樹下，一個小女孩在午休，有片樹葉慢慢飄下來，越變越大，最後蓋在小女孩的身上。

旁白：「某某（中成藥），精華大自然的關心。」

案例解析：

隨著時代的發展，文案手在文字語言的基礎上，又獲得了一種全新的語言，即動態的、具有三維立體感和逼真視聽效果的視聽語言，和全新的蒙太奇思維。其中，視聽語言基礎就是廣義的蒙太奇概念。

關於蒙太奇概念，從文化層面上講，它是一種電影思維方式；從傳播學角度講，它是電影的符號編碼系統；從藝術形式上講，它是電影的表現方法。這種應試藝術主要包括鏡頭、鏡頭的分切、鏡頭的組合以及聲畫關係四個方面。它的獨特表現元素就是視聽語言，而視頻類廣告文案正好是「視覺」和「聽覺」相輔相成的藝術形式。

與文案手分享：

視聽結合的廣告文案主要表現在畫面、聲音、色彩等方面的維度。經過幾次技術革命後，現在的視聽藝術正處於蓬勃發展之中，變得更加數位化、小型化、家庭化，從而滲透或覆蓋到整個社會生活和文化中，廣泛而深刻地影響到人們的生活、語言、思維邏輯等。

一、「視覺」藝術

「視覺」藝術中主要包括攝影（構圖、景別、角度、運動）和光線、色彩。具體如下：

●攝影

攝影元素是視聽元素中最重要的先驅元素，它的構圖就是指攝影畫面中各個物體的配置。其中，構圖的基本形式大致有四種，即「橫長形構圖」，比如拍攝草原、海洋、大地等；「S形構圖」，比如愛森斯坦的影片《戰艦波將軍號》中的遊行隊伍；「三角形構圖」，比如廣告畫面中疊放的酒杯；「佈滿式構圖」，比如蔬菜市場中的水果、糧食、禽蛋等。

無論我們選擇哪種構圖，都要考慮將受眾者引向畫面中的趣味中心。因此，我們要學會將完美的構圖形式與劇情表達有效地結合起來，讓構圖為劇情的表達服務。

景別是表現主體大小的形式，主要包括遠景、全景、中景、近景和特寫；拍攝角度是達到不同畫面造型效果的手段之一，能夠為視覺效果營造一定的環境氛圍；運動攝影則是最重要的畫面造型手段，可以通過攝影機的推、拉、搖，移、跟五種基本運動方式，創造出節奏、風格、意蘊等審美方面的重要手段。

●光線

光線是「視覺」造型的核心元素。比如在廣告視頻的視覺畫面中，光線的表達都能夠讓我們從生理上的視覺，直觀地轉入形象思維的心理感應。比如在影片《菊豆》中，一開始對染坊的拍攝就運用了逆光、順光相互交織的方式，表達出一種撲朔迷離、熱氣騰騰、生機無限的感覺。

●色彩

上一小節我們已經知道，色彩能帶給人直觀的審美感受。而在廣告影片中，色彩的運用，不僅是一種語言和思想，還能表達文案的情感和節奏感。比如在百事可樂的廣告中，大多都會採用藍色基調，帶給人一種青春、動感、鮮活的感受。

二、「聽覺」藝術

「聽覺」藝術主要包括人聲、音響和音樂。具體如下：

●人聲

人聲廣告中人物交流的主要手段，它包括台詞、抽泣、咳嗽、笑聲等聲音。而一部好的廣告都會有一些經典對白或台詞。

●音響

音響是指通過音樂、聲響的形式，刺激受眾的聽覺，渲染氣氛，烘托廣告主題的輔助工具，對廣告真實感和感染力具有加強作用。在廣告中，由於音響在傳遞資訊或喚起情感方面都遠不如畫面、廣告詞等，所以經常會被忽略。

事實上，如果我們能準確恰當地運用音響，對於廣告效果的作用是非常大的，一旦廣告音響運用不當，則會影響整個廣告的美感和完整性，甚至會干擾或分散觀眾對廣告資訊的注意力，從而使整個廣告作品缺乏該有的生機和活力。

●音樂

音樂因為它自身極強的表現能力，所以在產品廣告中實際意義並不明顯，但它卻可以配合一切其他藝術形式存在而不喧賓奪主，同時能帶去更好的表現效果。許多視頻廣告的成功，都是因為它打了「音樂牌」，比如給奢侈品配上高貴的爵士樂，可以反映它的地位；或者給舒適的產品配上舒緩的古典樂，將更顯產品的溫暖。

最後，我們雖然把「視覺」、「聽覺」分開來講，但只有「視聽結合」，才能為廣告作品營造出我們想要的意境。更何況，視聽基礎是貫穿整個視頻的元素，也是在視聽廣告創作中需要時刻考慮的元素。要想創造一部好的視聽廣告作品，就需要我們在每個畫面、每段聲音上精雕細琢，才能帶給觀眾一場視聽盛宴。

二維空間的視覺藝術

經典文案重播：大眾遠端控制系統

對很多人來說，泊車時間很麻煩的事情，但大眾推出的遠端控制系統讓泊車變得很容易。其平面廣告如下圖所示：

案例解析：

在這組平面廣告中，文案手旨在告訴人們，運用大眾推出的遠端控制系統，就像司機正在近距離地盯著停車的位置，避免因各種視線死角而導致汽車出現歪斜等現象。這就

是平面廣告向我們傳達的資訊。

因此，平面廣告的主要目的，是為了把資訊通過視覺媒介向觀眾表現並傳達，以獲得觀眾的認可。在平面廣告的設計領域當中，其視覺藝術會帶給觀眾好奇、新鮮、獨特的感受，從而讓人們對廣告宣傳的產品做出下一步的瞭解和購買行為。

另外，一則平面廣告的創意雖然對提高產品的關注度具有重要作用，但也需要有較強的視覺衝擊力來吸引眼球，才能人們留下深刻的印象。

與文案手分享：

在平面廣告設計中，影響視覺衝擊力的重要構成要素有圖形、色彩、文案三個方面，這些要素在產品廣告中都擔當著不可或缺的角色。同時，也正因為這些要素，才突顯出每個廣告設計作品自身所獨有的特色，從而使其具有高低不一的商業價值。

下面，我們就來具體瞭解一下平面廣告中的三個要素：

一、圖形要素

圖形是平面廣告構成的主要要素，它能夠形象地表現產品的主題和廣告創意。與文字相比，圖形顯得更含蓄，也更有寓意，能有效將抽象的事物具體化、直覺化、多樣化、新型化。正因為如此，才讓圖形在視覺傳達中具有優越性，使之帶給人的視覺感受比其他任何傳達形式更具識別性，也更能使受眾者印象深刻。

二、色彩要素

色彩要素的存在，對視覺衝擊力的產生起著非常重要的作用。因為每個顏色都代表著不同的特徵，而不同的色彩在不同的人中，同樣會有自己的理解。因此，在平面廣告的設計中，如果能恰當、巧妙地組合打牌色彩，就能有效增強感官刺激，提升視覺傳達效果。

比如原色的色彩單純、熱烈、鮮豔，其藝術效果和傳播效果都比較好；或者可以利用色彩明亮度變化的方法形成由淺入深的過渡色視覺，以產生視覺動態感；又或者能夠運用鮮明的補色搭配，給人以很強的視覺衝擊效果。只要遵循色彩搭配的原則，做出讓人記憶深刻的平面設計並不難。

三、文字要素

文字是一種最直觀的表現，它具有引起注意、傳達資訊、說服對方的作用。因此，文字是平面廣告中不可缺少的組成部分。更何況中國的漢字本身就是一門藝術，它既有象形性又有表意性，再加上現在很多人在傳統漢字中引進新時代的元素，使文字更具風格特點，也更具可塑性。導致同樣的文字，選擇不一樣的字體、字型大小，以及不同的編排方式，就產生了不一樣的表達效果。

為了讓平面廣告中的文字在視覺傳達中更具衝擊力，我們可以這樣做：

●字句要簡潔明瞭

讀廣告語和看文章不同，想要讓受眾者在最短時間內看清並記住廣告所要表達的資訊，就需要我們能設計出非常簡潔明瞭的字句。

●語言要生動有趣

人們天生會對新奇怪異的東西感興趣，這就要求我們在編織語言的時候，要用有趣的字眼，再加上形象生動的字體形態，更容易獲得受眾者的關注。

●語言要客觀真實

客觀真實的語言是平面廣告設計的必要前提條件，因此，不管我們使用什麼修辭手法來裝飾語言，都要求我們所要表達的意思是真實的，一件產品所擁有的價值也必須是真實有效的。另外，在平面廣告設計的領域當中，語言文字除了它本身所承載的內容之外，還能賦予人們無窮的情感和回憶。如果借助這樣的方式將某種獨特的審美形式傳播出來，將會給人們帶來特別的賞析美感。

複雜的視覺表現形式

經典文案重播：麥當勞廣告

男人開車緩緩地駛進一家麥當勞汽車得來速餐廳，但車駛過點餐櫃台時卻沒有停下，男人把頭伸出車窗對著點餐櫃台聲音不大但語速極快地說著：「Hello, I can take the……」話還沒說完車就已經駛出了點餐櫃台。身穿麥當勞員工制服的服務員只來得及對他說一句「Hello ?」就看見男人開車離去。男人再次開車來到汽車穿梭餐廳入口，對著點餐櫃台快速地說出自己需要的餐品。當服務員問他還需要點兒什麼的時候，男人的車再次駛過櫃台，服務員開窗向外張望，看到男人副駕駛座的安全座椅上躺著一個正在酣睡的嬰兒。

服務員想了一下，然後迅速打開餐廳外的廣播，向男人重複了一遍所點的餐品。當男人的車第三次駛到點餐櫃台時，還是跟前兩次一樣，並叮囑服務員儘量快一些。服務員快速配餐。當男人第四次駛到櫃台前時，詢問一共多少錢，但還沒有得到回覆，汽車又開遠了，男人欲言又止。服務員在紙上寫下價錢，並把它遞給前台服務員，指了一下正要經過餐廳正門的男人的車。然後收銀機後面的服務員敏捷地翻過點餐台，舉起寫著價格的紙向開車駛過的男人示意。這一次，男人開車過來，把一把硬幣拋在取餐櫃台的窗台上，並從服務員手中接過餐品，然後重新坐正握好方向盤。男人揚起微笑，把手伸出車窗，豎起大拇指，而車內嬰兒還在熟睡。汽車離開麥當勞餐廳，畫面消失，最後出現麥當勞的Logo。

——麥當勞廣告之溫情篇

案例解析：

廣告不是產品、物品，它是在傳遞一種資訊和觀念，或者可以說是為了喚起觀眾的欲望和一種虛幻的滿足感。因此，廣告的創意就顯得尤為重要，也是一則廣告的靈魂所在。

像這則麥當勞的廣告創意，重點就在於它具有很強的懸念性和暖人的溫情。其中，它的溫情不僅表現在父親對孩子無限的關愛，也大大提升了人們對麥當勞的好感度，其效果比新品推出或打折降價的方式要好得多。更何況，這則廣告還採用了電視廣告的傳播方式。

要知道，電視廣告還具有廣泛性、保存性、獨佔性、印象性等特點，讓電視廣告深受各類產品商家的喜愛。比如很多人在閒暇時間都會選擇打開電視消遣，尤其是在晚飯過後，基本都是通過看電視來打發。而只要看電視，廣告就是不可避免的。

而人們在看電視節目時，一般都是寸步不離地坐在電視機面前。如果三心二意，很可能什麼都做不好。這種獨佔性讓電視廣告的效果比報紙、廣播等更加強烈。

再加上電視廣告是一種透過視覺、聽覺、動態來訴說的廣告形式，所以人們可以清楚地看到產品的形象和廣告演員的模樣，讓觀眾可以深程度地對產品做出評價，使廣告具有很強的直觀效果。

有些人覺得電視的畫面並不具有保存性。但也有不少人認為，電視因為屬於視聽結合，能夠給人強烈的感受，再加上每晚都會播，所以與報紙一樣具有保存性，其保存性歸於人們對它的印象。

與文案手分享：

電視廣告是一種以電視為媒體的廣告，屬於一種電子廣告的形式。它兼有視聽效果，是一種運用語言、聲音、文字、形象、動作、表演等綜合手段進行資訊傳播的廣告方式。因此，在撰寫電視廣告時，應注意以下寫作要點：

一、確立主題的技巧

廣告在向消費者推銷產品時，就必須向人們提供有關這種產品的資訊。這些資訊並不是單一的，而是多方面的。但是，電視廣告的時間很短，我們不能也沒必要把所有的資訊都介紹給消費者。因此，我們只能有選擇地突出產品的某個方面，作為吸引消費者的「賣點」，而這個「賣點」，就是電視廣告的主題。

二、撰寫廣告詞的技巧

電視廣告的廣告詞，主要是為了彌補畫面的不足，也就是用聽覺來補充視覺不易傳達的內容，以起到揭示和深化主題的作用，達到進一步強化品牌或資訊內容的效果。它主要包括旁白解說、人物獨白、人物之間的對話、歌曲、字幕等。文案手只需要根據產品和主題的需要，選擇適合的方式即可。

而我們在撰寫電視廣告的廣告詞時，需要注意以下幾點要求：

1人物的獨白和對話重點在於「說」，所以要求文案手在撰寫的時候，能體現出口頭語言的特徵，使其生活化、樸素、自然、流暢。

2在撰寫旁白或解說時，我們可以採用娓娓道來地敘說，或者是抒情味較濃重地朗誦，也可以選擇邏輯嚴密、夾敘夾議的論理說道。這些方式能夠有效起到補充產品資訊的作用。

3一般情況下，以字幕形式出現的廣告詞，除了要體現出書面語言和文學語言的特徵之外，還要附和電視畫面的簡潔、均衡、對仗、工整等構圖原則，增加廣告畫面的視覺感。

4標語口號是電視廣告的重點，要求文案手在撰寫的時候要儘量簡短，並具備容易記憶、流傳、口語化、合轍押韻等特點。

三、廣告內容的表現技巧

現在，電視廣告的各種常規時段有五秒、十秒、十五秒、三十秒、六十秒不等。因此，我們在選擇文案的表現形式時，不僅要考慮廣告的策略、資訊內容、目標受眾等，還要考慮廣告的時段。

一般情況下，五秒時段的電視廣告都是為了加深人們對產品資訊的印象，所以大多會採用瞬間印象體的表現形式。比如「喝孔府宴酒，做天下文章」、「好空調，格力造」、「金利來，男人的世界」等。廣告內容雖然一閃而過，卻是用具有視覺衝擊力的畫面與簡潔凝練的廣告語相結合，有效表現出品牌的個性。

像十秒和十五秒時段的電視廣告，一般都是為了能在短時間內對產品的資訊做單一且富有特色的傳播，以突出企業形象、品牌個性，或者是產品獨特的「賣點」。因此，我們在撰寫這一時段的廣告文案內容時，最好能使之適合名人推薦體、動畫體、新聞體、懸念體、簡單的生活場景體等表現形式。比如趙本山的「瀉立停」廣告，就曾由三十秒的長廣告片中剪輯過十五秒的廣告片。

三十秒時段的電視廣告，能夠有效從多個角度表現產品的功能、利益點等。像「蓋中蓋」廣告、「齊力潔」廣告、「南方黑芝麻糊」廣告等，都是三十秒時段廣告的代表。六十秒時段的電視廣告能夠表現的內容更為豐富，很多文案手都會選擇用廣告歌曲、生活場景、消費者證言等較為完整的表現形式。

另外，電視廣告所獨具的蒙太奇思維和影視語言，決定著電視廣告文案的寫作既要遵循廣告文案的一般規律，又必須掌握電視廣告腳本創作的特殊規律。比如電視廣告文案的寫作，必須運用蒙太奇思維，使用鏡頭進行敘事。其語言要具有直觀性、形象性，並容易轉化為視覺形象。

最後，電視廣告成功的基礎和關鍵，是它的腳本必須寫得生動、形象，以情感人，以情動人，具有藝術感染力。所以，我們在寫電視廣告文案時，應充分運用感性訴求方式，調動受眾的參與意識，引導受眾產生正面情感回應。

讓文案和設計談一次「戀愛」

經典文案重播：鑽石恒久遠，一顆永流傳

一九四七年，年輕的廣告文案手佛朗西斯・格雷蒂，接到了一項極具挑戰性的任務，即為戴・比爾斯撰寫一句不僅能涵蓋鑽石各種物理特徵，還能準確表達鑽石蘊含深意的廣告語。為此，格雷蒂工作到深夜，卻一無所獲。正當她打算放棄的時後，腦海中突然靈光一閃，並在草稿紙上寫下「A Diamond is Forever」（鑽石恒久遠，一顆永流傳）。如下圖所示：

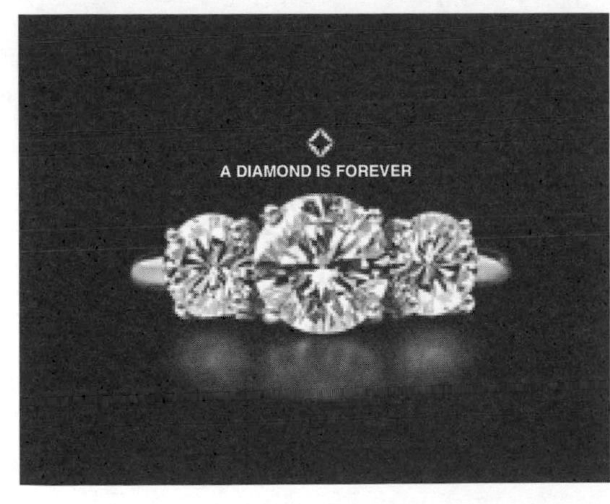

後來，這句話不僅成為二十世紀最具代表性的廣告語，還將鑽石帶入了人們的視線。只要一提到鑽石，人們便會想起這句經典廣告語。

案例解析：

在「鑽石恒久遠，一顆永流傳」這句廣告語中，戴・比爾斯通過廣告文案賦予了鑽石特殊的愛情含義——永恆。

要知道，每個人都需要愛情，並渴望愛情的永恆。而在馬洛斯需求層次理論中，有專業人士表示：安全是人的基本需求。人們因為對無法預測的未來沒有安全感，所以就需要借助外物來慰藉內心的恐慌感。

而鑽石是目前地球上發現的硬度最高的物質，並且非常穩定，更不會因為時間的推移而變質。這一特質正好符合人們對愛情的要求：堅固、穩定、永不褪色。因此，鑽石就順理成章地成為「永恆愛情」的象徵。

但是，光有符合主題的文案是不夠的，一定還需要設計的配合，才能讓文案散發出更加感人的光芒。所以，文案與設計雖然屬於兩個不同的專業，但兩者之間卻有著密不可分的關係。設計就好像是一個人的外表，擁有美貌的人總能讓人眼前一亮。文案則是廣告的內涵和氣質，能夠使其擁有致命的吸引力。

文案和設計之間具有相輔相成的作用，如果沒有好的設計，再美的文案所呈現的效果也是麻木的；如果沒有文案的支撐，再美的設計作品也是空洞且華而不實的。所以，只有好文案加上好設計，才能實現一＋一大於二的效果，成為優秀的廣告。

與文案手分享：

在快速閱讀的時代，文案手需要讓自己創作出的文案極具視覺化，才能引起消費者的注意。但是，想要讓文案和設計攜手合作也並不是一件簡單的事情，比如設計覺得「如今是看圖時代，所以能用圖就不該用文字。」文案則認為「無論什麼時代都離不開文字，有圖沒文字等於空中樓閣。」如此，一言不合，「分手」就成了常有的事。那麼，我們要如何才能讓文案和設計談場「不分手的戀愛」呢？

一、文案和設計要保持協調

在產品廣告的創作過程中，文案和設計要保持協調和溝通，讓設計能夠充分理解文案所要表達的產品訴求，並內外結合，方能創作出令人耳目一新的廣告。我們若是過分追求廣告的創意，導致訴求點不明確，則會產生相反的效果。

比如有這樣一則平面廣告：畫面左上角是品牌Logo，畫面左邊的馬桶上坐著一個女人，右邊有一行英文，下面則標注了地址和電話。

熟悉這個品牌的用戶看到這則廣告後馬上就能反應過來，知道這是一家衛浴用品的廣告。但對於不熟悉這個品牌的人來說，面對這樣一則廣告畫面，只會有一頭霧水之感。「這是賣馬桶嗎？我並不需要！」

所以說，當一則廣告太過追求創意，或者是廣告的畫面太過抽象，只會讓消費者難於理解，廣告的效果也就可想而知了。從而我們也就更容易理解：產品資訊能否有效地傳遞，才是檢驗廣告作品是否優秀的唯一標準。

由此也可以看出，文案和設計的協調性，對整個產品的推廣將起著非常重要的作用。比如周鴻禕要做手機，在手機論壇還沒有發佈的時候，就有一組海報驚豔了眾人的視線。如下圖所示：

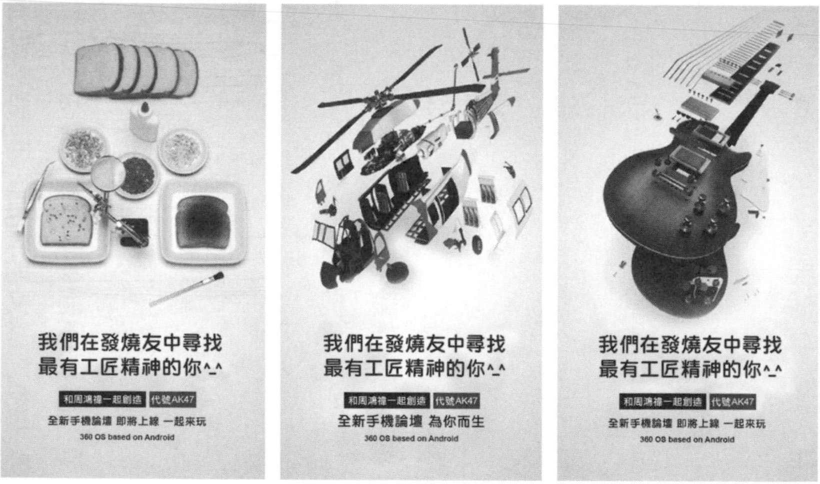

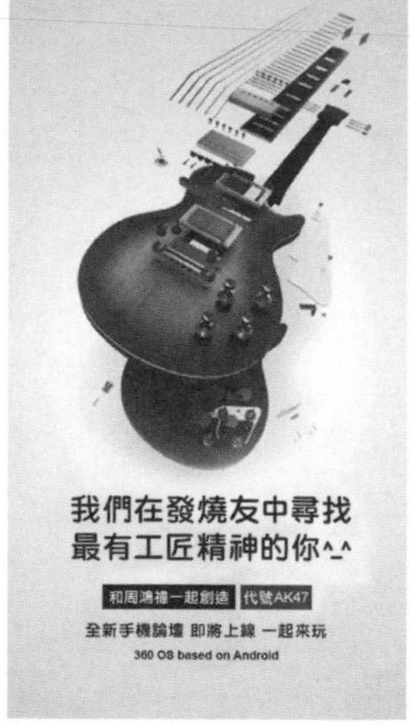

在這組海報中，文案只有一句，即「我們在發燒友中尋找最有工匠精神的你」。在那些被拆卸的零件中，我們看到了麵包、無人機、吉他。有的人甚至會利用發散思維，直接把聯想延伸到產品背後的智慧硬體、智慧領域等。無論如何聯想，這組海報都成功引起了人們的興趣，並讓人們不斷在腦海中進行加工，以產生聯想。

試想一下，如果設計不夠獨特，文案手只是單一地強調「發燒友」、「工匠精神」這兩個名詞，肯定無法給人具體的感受。但如果只有設計沒有文案，那人們估計會認為這是一個賣零件的。文案與設計之間相互協調的重要性，也由此突顯出來。

二、要避免廣告中的誤區

很早以前，文案工作的範疇還包括用圖片闡述產品資訊。不少優秀的文案大師，都可以用一張沒有文字的圖來詮釋整個廣告作品。但是，並不是隨便創作一幅好圖當作產品廣告，消費者就會買帳。而文案手也不是藝術家，無法將自己的作品像畫家一樣賣出去。因此，我們在創作廣告的時候，有些行為需要避免一下。

●避免文字在整幅廣告作品中只是一個元素符號

有些文案手喜歡把文字當成設計元素放到廣告中，比如有些廣告中的文字小到無法看清，或將深顏色的文字放在同樣深顏色的背景上，讓人難以辨認。像這種情況，即便廣告的設計極具創意，也只會給人一種「雖然我不知道你在說什麼，但看起來很厲害的樣子」的感覺。這就完全違背了廣告的原則，無法達到產品資訊傳達的目的。

比如奧迪的安全氣囊廣告，如下圖所示：

這則廣告所要表達的內容非常豐富，總結起來，就是想讓人避免因為車禍而進入地獄。而為了不破壞整體換面，文案表現得非常簡單含蓄。事實上，如果一眼看到這則廣告，你真的知道它是做什麼的嗎？很明顯，這只是一則凸顯設計和創意的廣告，而不是為了回應用戶的需求。

●避免圖片對產品資訊沒有幫助

當一則廣告的圖片很美，也極富創意，但對產品資訊和文案的核心訴求卻沒有任何幫助時，就會讓整個廣告的版面產生混淆，直接導致版面浪費。

●避免因字體變形而影響閱讀

字體變形是廣告創作過程中經常會用到的方法，它可以有效增加文案的視覺效果。但我們要注意，字體變形千萬不能影響閱讀。我們要時刻謹記，文案的創作是為了產品或企業形象的宣傳，而不是其他。

●避免讓創作元素擾亂讀者的視線

在廣告的創作過程中，不少文案手都喜歡在這裡加一根線條，那裡放一個圓圈，以增加畫面的美感和個性。如果從繪畫的角度來看，這的確非常符合人們的審美要求，但如果是作為產品廣告來看，卻會在很大程度上擾亂讀者的視線，搶走文字的風頭，導致想要傳達的資訊沒有主次之感。

總而言之，**在一則優秀的產品廣告中，文案如果是骨架，設計就是其血肉；文案如果是靈魂，廣告就是其衣衫**。好文案要將產品的訴求和使用者的習慣等濃縮成經典語句；好設計需要將文案所要表達的內容，用完美的視覺呈現出來。所以，文案手需要文案、設計兩手抓，方能創作出優秀的產品廣告。

第八章 創意文案，到底有沒有套路

講個不一樣的故事

經典文案重播：全是洗衣粉惹的禍

一對年輕的日本夫婦來到南美某國旅遊，當男子在經過機場的安檢門時，報警器響了起來。他馬上想到自己的衣袋裡還裝者幾枚硬幣，所以就一臉歉意地掏出這幾枚硬幣，讓海關人員過目。

誰知，海關人員卻頓時大驚失色。原來，這名男子手裡除了那幾枚硬幣之外，還有一些可疑的白色粉末。

然後海關人員一擁而上，並把他強行駕走了。

最後才知道，那些白色的粉狀物並不是毒品，而是衣服在洗滌時還沒有完全溶解的洗衣粉。可憐的男子大呼冤枉，而年輕的妻子更是痛哭流涕，深感自責。

——洗衣液廣告

案例解析：

從文案的角度來講，故事無疑是最好傳播的內容。因為愛聽故事是人的天性，人們也不會探究故事的真假，文案手只需要植入「題材」給人留下印象就夠了。

而在一般情況下，有限改進型的產品會更適合「故事化」的文案，因為它打造產品差異化的方式，更多的是依靠產品為消費者帶來的「情感獲得」，而不是「功能獲得」。再加上有限改進型產品的價格相對較低，消費者不會對此做過多或認真的考慮。簡單來說，就是靠感覺購買。

所以，行銷在很大程度上就是在講故事，給產品增加附加值，讓消費者願意支付運營商規定的價格。

如果是從廣告創意的層面來說，要打動人心莫過於用情至深。因此，只有那些帶有衝擊性、能夠感動人心、新奇而又簡單的故事廣告，才是不一樣的，才能打破消費者視覺與心理上的「常態」，吸引更多人的目光，抓住更多人的心。

與文案手分享：

故事的重要性不言而喻，很多書籍教我們如何去講一個故事，比如要構建故事的背景、觸發、探索、意外、選擇、高潮、逆轉、解決等，但這些標準更像是對小說家的要求，對於商業文案來說並不適合。因為商業文案沒有小說的篇幅可以供我們揮灑，只能保留故事最吸引人的部分，這時，就需要文案手能講一個不一樣的故事。

一、身上帶「刺」的故事不一樣

不痛不癢的叫事實，尖銳扎心的才叫故事。我們來看下面兩則文案：

A文案：「Lily，廿五歲，健身三六五天，甩掉二十公斤。」

B文案：「Lily，廿五歲，二〇一六年體重七十公斤，綽號『胖妞』；二〇一七年體重五十公斤，人稱『女神』。」

我們把兩則文案進行比較後會發現，A文案雖然同樣具備故事的要素，但B文案卻更具銳度，也更容易刺中用戶的痛點，即「肥胖帶來的人際交往的傷痛」。

所以，一個不一樣的故事，一般都是「扎心」的。要想寫出符合商業目的，且有故事感的文案，通常需要我們從中提取一兩個驚喜點，保留住故事最吸引人的部分。比如我們經常使用的人性負面情緒，如自私、自戀、虛榮、嫉妒、自卑、貪婪、吝嗇、虛偽等。

假如我們現在要為一款增高墊產品寫文案，該如何去尋找產品和人性之間的關聯呢？我們首先就要考慮一下，人們之所以會購買使用增高墊的原因是什麼。比如：「是想看起來更自信？」、「現在的身高比較矮？」、「身高還沒有女朋友高？」……

然後就能挖掘出「扎心」的人心特點：自卑。但是，這種人性只能作為表像，並不適合當作本質呈現出來，那麼未來更好地傳達資訊，我們就需要將「身高與自信」剝離開來，再講一個富有正面情緒又不失個性的故事。

二、卸下「平庸」的故事不一樣

在行銷資訊氾濫的今天，平庸的資訊通常會被消費者眼都不眨地過濾掉，具有反差設定的故事則能引起他們的觸動。因為文案中的反差能帶給他們驚喜、萌感、淚點、新鮮感等，讓故事變得妙趣橫生。

比如日本東京電視台的一組介紹參選議員的文案，就因為使用了「反差人設」的方式火了，文案是這樣的：「有骨氣卻患有骨質疏鬆」、「創辦了旅遊雜誌自己卻弄丟旅行護照」、「宣導取消寵物安樂死但自家的寵物差點離家出走」……

這些文案通過嚴肅、宏大的背景設定的，卻又用比較有「萌感」、生活化的方式來形成反差，讓故事中的人物顯得更加立體，雖然佈滿了槽點，卻也更容易引發公眾的討論和傳播。

三、能撥動用戶心理共振的故事不一樣

這世上故事的數量如恒河之沙，但它們幾乎無一例外都是從為數不多的「原型」中演繹出來的。這一「原型理論」是由瑞典心理學家榮格提出的，他表示：「它是一種記憶蘊藏，一種印跡或記憶痕跡，是某些不斷發生的心理體驗的沉澱。每一個原始意向中都有著人類精神和人類命運的一塊碎片，有在我們祖先的歷史中重複了無數次的快樂和悲哀的一點殘餘。」

就拿很多人人喜歡的韓劇來說，幾乎所有韓劇的「原型」都是灰姑娘的故事，但這種同樣的套路卻能反覆不停地打動觀眾，輕易激起下到十三歲、上到七十三歲女性觀眾的心理共振。這就是「原型」在故事中的重要性。

而擁有「原型」的故事之所以更容易打動用戶，是因為它們可以激起用戶心中原本就存在的情感經驗沉澱。比如台灣一〇四希望基金拍攝的創意短片「不怎麼樣的廿

五歲，誰沒有過」一樣。短片中講述了著名導演李安在廿五歲時，他的簡歷被各個企業高管痛批的故事，當時李安的簡歷被稱斷定為「HR不會通過」、「第一瞬間就刷掉了」。當時沒人能想到，他在多年後能兩次獲得了奧斯卡金像獎。

該短片曾一度引起了社會上的廣泛討論，究其根本原因，就是因為「他」的「原型」是一個逆襲故事，而這樣的故事很容易引發用戶的共鳴。

故事是一種聰明的包裝，讓文案顯得更真實，也更有誠意。因此，當產品的行銷資訊披上故事的外衣，很容易就能獲得走進用戶內心的鑰匙。當所講述的文案故事有刺、不平庸，並能對「原型」進行有意識的利用時，我們就能讓故事從乾癟走向豐滿，向用戶講一個不一樣的故事。

花樣使用各種修辭手法

經典文案重播：一些使用了修辭手法的文案

1對偶：國事家事天下事，事事關心；書聲歌聲曲藝聲，聲聲入耳

2排比：嶄新的內容、加倍的趣味、乘數的效果
——凱歌電視機
《十萬個為什麼》卡通影帶廣告
3比喻：酒味像白雲一樣純正，質地像白雲一樣透明
——白雲啤酒
4回環：痛則不通，通則不痛
——圃田追風透骨丸
5反覆：金華火腿，輝煌八百秋；金華火腿，風韻獨超群；
金華火腿，名牌今勝昔；金華火腿，感君長相知
——金華火腿
6串對：欲知世上絲綸美，且看庭前錦繡鮮
——絲綢
7疊字：正宗椰樹牌椰汁，白白嫩嫩
——椰樹牌椰汁
8頂真：飲水思源，源於自然
——深圳浮士德礦泉水

9感歎：味道好極了

——雀巢咖啡

10雙關：格力空調，冷靜的選擇

——格力空調

案例解析：

修辭，就是選擇最恰當的語言形式來加強表達效果。廣告文案的創作，更少不了對修辭手法的運用。因為消費者在接受廣告時，總是漫不經心的，或者是在長期高密集的廣告轟炸下逐步接受的。

在這種情況下，廣告的投入和它的收益是無法形成正比的。甚至有時候廣告商耗費大量財力創造出來的廣告作品，得到了只是消費者的不屑一顧。歸根究底，除了因為創意文案的平庸之外，文案的平鋪直敘也使廣告缺少了一定吸引力，又或者是因為對修辭手法的濫用，使文案顯得牽強附會、資訊失真。

那麼，什麼樣的廣告文案才能讓人過目不忘、回味無窮呢？比如豐田汽車的「車到山前必有路，有路必有豐田車」；某款生髮劑的「聰明不必絕頂」；某理髮店的「雖然毫末技藝，卻是頂上功夫」……

這些廣告之所以能被人們津津樂道、相互傳頌，很大一部分原因，就是因為廣告中的文案非常出彩。而原因則是因為文案手運用了適當的語言修辭手法。

與文案手分享：

在廣告文案中，巧妙地運用修辭技巧可以增加廣告文案的可讀性、趣味性、形象性和感染力。同時還可以使廣告文案更容易讓受眾者產生記憶和聯想，從而更好地達到傳播目的。

廣告文案中常用的修辭手法有以下幾種：

1 比喻和排比

運用比喻和排比的修辭手法，能夠讓文案的內容更加形象、具體化，能夠有效加強我們想要表達的意思，起到修飾主題內容、增強文案想像力的作用。

比如「四川涼山那朵最美麗的『花』」，這裡的「花」就是在喻人，是指四川涼山區一名美麗女教師；「籃球界的小皇帝——詹姆斯」，「小皇帝」就是指詹姆斯，稱讚他擁有坦克般強壯的身體和全能的技術，在NBA裡擁有所向披靡的球技。

還有些比喻的修辭手法乍一看過去，可能分不清，但真正優秀的文案手卻能手到擒來。比如中華汽車的文案「世界上最重要的一部車是爸爸的肩膀」使用了暗喻；錘子手機的文案「漂亮得不像實力派」使用了反喻；某款結婚喜餅禮盒的文案「甜只留給言語，把愛餵養得像初戀」則是使用了飾喻。

排比式修辭的使用，大多是為了加強文案的語氣。比如某文案標題「深圳房產漲價，廣州房產漲價，東莞房產也漲價，這是為什麼？」就是使用了排比句，它把房產漲價這種星火燎原的趨勢誇張地描述出來，讓人感同身受，想知道原因。再比如萬科的「感謝冰峰，感謝風暴，感謝懸崖，感謝缺氧」，也是同樣的道理。

2直接陳述

在標題中直接敘事的陳述內容，能夠幫助我們把事情的前因後果簡單樸實地說出來，一般比較適合新聞類的正式標題。比如「日本阿蘇火山噴發，小鎮被火山灰覆蓋」、「泰國曼谷大暴雨致全城被淹，豪車均泡湯」……

3雙關

杜蕾斯的行銷文案總能使用雙關語，把一些挑逗性的詞語和產品介紹完美地結合起來，收穫了一大批粉絲讀者。比如「最快的男人並不是最好的，堅持到底才是真正強大的男人！」這是二〇一二年奧運會時，劉翔腿傷復發，雖然跨欄摔倒卻堅持走完全程，杜蕾斯特意發出的微博。乍一看，該標題顯得合情合理又充滿人文關懷，但關鍵人家是做保險套的，愣是把簡單的話寫滿了內涵。

再比如聯想的「人類失去聯想，世界將會怎樣？」國泰世華銀行的「人生三十財開始。」以及JEEP汽車的「大眾都走的路，再認真也成不了風格；人生匆匆奔馳而過，就別再苦苦追問我的消息；即使汗血寶馬，也有激情褪去後的一點點倦。」都是對雙關語的成功運用。

4 疑問感歎

通過反問、疑問句拋出一個問題，再直接提出文案中需要解決的問題，這種情況下，讀者都會下意識地反問自己：「為什麼呢？」然後就會點進去看看。比如：「文案標題大盤點：怎樣才能吸引讀者的眼球？」、「趕走難民，你們就會更安全嗎？」

5 自問自答

採用這種修辭手法的文案，一般都會包含原因和結果。像這種通過前面一句的反問，再引出後面要討論的內容，更容易讓讀者明白我們想要表達的主題含義。比如：「要想投資怎麼辦？基金、股票、房地產」、「這樣的吉他你想要嗎？向與對你娓娓道來」……

6 對偶

將文案的主旨濃縮成整齊對稱的句子，能夠體現文案的嚴謹和內容的秀麗。比如才子男裝的「煮酒論英雄，才子贏天下」，再比如「品書香一縷，讀人生百味」、

「一頭白髮，滿山青蔥」、「朋友最真，友情最貴」……

7 對比

像「既然你已經沒有辦法，就把孩子交給我們吧」、「你的老師，沒有告訴你的英語學習秘訣」、「當別人都在輕鬆背單詞，而你卻在艱難地啃單詞，這對你來說，絕對是個嚴重的失策」……都是採用對比的方式來修飾文案主題，能夠讓讀者對其產生一定的好奇心，想知道原因。

再比如黑橋牌香腸的「用好心腸做好香腸」；成都世貿地產的「故鄉的驕子，不應是城市的遊子」；萬科的「踩慣了紅地毯，會夢見石板路」……同樣是運用了對比的廣告語，一般用戶聽過、看過之後，都不會輕易忘記。

以上是文案中常用的幾種修辭手法，如果我們能學會如何使用它們，相信我們的文案定能更加吸引人。

當別人都向左時，讓你的文案向右

經典文案重播：想想還是小的好

「想想還是小的好」（Think small）是大眾甲殼蟲汽車的廣告文案，不論是愛車一族，還是廣告文案愛好者，對這句廣告語都不會陌生。其廣告文案如下圖所示：

Think small.

案例解析：

據說，「Think small」的提出並不是沒有根據的。按照二十世紀六〇年代的背景，當時人們認為汽車在很大程度上是身份、財富以及地位的象徵，所以底特律的汽車製造商們大都在強調那種更長、更大、更流線型、更豪華美觀的汽車設計。也正是因為如此，甲殼蟲轎車在打入美國市場時，選擇以美國的工薪階層為自己的銷售目標，迎合了普通工薪階層的購車欲望。

所以說，「Think small」是一條非常成功的廣告語。更為重要的是，它改變了當時人們對汽車的認識，讓人們從奢華到經濟，開始理性對待個人空間與公共空間的關係。

而在提出「Think small」的主張後，甲殼蟲運用廣告的力量，改變了美國人的觀念，讓美國人認識到小型汽車的優點。從此，大眾的小型汽車就一直穩定在美國汽車市場的前端，直到日本汽車進入美國市場。

到一九七三年，英國經濟學家舒馬赫出版了《小即是美》一書，從此，「小即是美」更是成為一種現代哲學觀念。比如二〇〇九年十月，馬雲就曾在《紐約時報》網路版發表了題為《小即是美》的署名文章。他表示：在金融海嘯的風聲鶴唳之際，小企業才是新商業革命的主力軍。而在隨後的一些發言中，馬雲也聲稱自己一直在想著該如何把阿里巴巴「做小」，這些都代表了馬雲「小即是美」的思想。

由此可見，無論定位甲殼蟲汽車廣告的創始人威廉・伯恩巴克或BBD的創意思想是什麼，「Think small」這個產品的廣告創意，就已經足以使其成為一個天才的創見與觀點。比如廣告教父大衛・奧格威就曾喟然長歎：「即使我活到一百歲，也寫不出這樣的廣告語。」

與文案手分享：

做文案的人大多都知道「甲殼蟲文案系列」，那簡直是可以被稱為文案中的教科書。細心的文案手應該都能發現，甲殼蟲每一期的文案，都能恰到好處地給人一種不得不購買的衝動。那這樣的文案到底是怎麼完成的呢？

一、圖文並茂

一般情況下，一個產品要想留住消費者，不管是圖片的設計排版，還是文字水準，都要體現出一定的專業性。其中，無論是圖片設計還是文字，都能為文案本身起到畫龍點睛、層層滲入人心的作用。甲殼蟲每一期的廣告幾乎都有配圖，這種宣傳方式，也讓它的功能、特點等更有說服力。

二、給文案賦予人性的品格

當我們賦予一個產品擬人化的詞彙時，我們就給自己的文案賦予了生命。這種生命，是讓一個品牌能變得長盛不衰的關鍵。比如當我們提到「年輕」、「激揚」、「瘋狂」等詞彙時，很容易就能聯想到可樂和雪碧。這就是一個品牌的人性品格，當品牌具有了人性品格後，它就具有了生命力。

三、極致突顯產品細節

在小馬宋的《一本全是廣告的書》中，有一段關於甲殼蟲加裝葉子板的文案：「But we are continually making changes you can't see. Example: a new anti-sway bareliminates sway on curves. Over a hundred such changes since 1950.」

它翻譯過來是這樣的：「但是，在你看不到的地方，我們一直在做改進，例如加裝了葉子板，消除了轉彎時的搖晃。從一九五〇年開始，類似的改變數以千計。」

從中我們不難理解一個細節，就是車在轉彎時的搖晃，是可以被消除的，其關鍵就是車的零部件葉子板。這種在文案中突出細節的做法，能讓讀者更多地瞭解產品，進而使之更加信賴我們的品牌。

四、直接消費者痛點

甲殼蟲汽車曾有一篇關於節約用水的文案：「大眾汽車使用空氣冷卻，根本不需要用水！」這則文案就是抓住了人們「過度用水」的問題，號召大家節約用水。與此同時，這樣的文案內容不僅能幫助消費者解決問題，還能幫助品牌有效樹立環保、正能量的形象。

所以，我們在撰寫文案的時候，也要注意產品的細節，盡可能地將產品的優勢拆分成更多的賣點，讓產品在消費者眼中「活」起來。

用戶體驗創新

經典文案重播：三隻松鼠雙十二系列廣告文案

系列廣告一

標題：鼠，來也

口號：主人，讓小鼠為您服務

正文：主人，小松鼠在的呢

主人，這個是的恩

不客氣的呢，麼麼噠主人

主人，雙十二全場低至二折啦

系列廣告二

標題：要啥，就給啥

口號：只有你想不到的，沒有我辦不到的

正文：雙十二，包裹除了堅果，不能吃的有哪些？

一個帶有品牌卡通松鼠形象的包裹；

開箱器；快遞小哥寄語；堅果包裝袋；

封口夾；垃圾袋；傳遞品牌理念的微雜誌；

卡通鑰匙鏈小玩具；供你清潔的濕紙巾，

要啥您就說？

系列廣告三

標題：女票的世界

口號：完美世界，消遣必備

正文：女票們的相聚，嘮著嗑，總不夠味。

酌點小飲，配點小果，便是頂好的。

系列廣告四

標題：丈母娘的心

口號：懂她，就把我們送給她。

正文：你，懂老婆的心嗎？

你，懂丈母娘的心嗎？

懂老婆就要先懂丈母娘，

真懂她，就把我們送給她。

案例解析：

「三隻松鼠」是二〇一二年由安徽三隻松鼠電子商務有限公司，強力推出的第一個網路森林食品品牌，它代表著天然、新鮮以及非過度加工。在三隻松鼠剛剛上線六十五天後，其銷售在淘寶天貓堅果行業就躍居第一名。這樣的發展速度，可謂創造了中國電子商務歷史上的一個奇蹟。

之所以會創造這樣的奇蹟，是因為三隻松鼠更注重給用戶的感知力。比如傳統購物主要是靠物理接觸，即眼見為實，其感知只有廣告。而三隻松鼠屬於電商行業，消費者在收貨之前全是感知接觸，對產品的判斷只能通過情感來決定，所以要先營造出一種好感，才能引發消費者再一次的購買。

而在營造好感方面，三隻松鼠一改「親」這類叫法，把消費者稱為「主人」。

這一稱呼使消費者與產品之間的關係演變成主人和寵物的關係，讓人能產生一種正在「Cosplay」的體驗感。

這種文案方式，讓選擇下單的消費者更容易生出興奮和期待感。而在消費者在等待包裹的過程中，三隻松鼠還會在快遞的短信通知上體現安撫細節，如「松鼠已經火急火燎地把主人的貨發出來了」。

除此之外，三隻松鼠還會通過微博和微信等途徑與消費者進行溝通，詢問他們需要哪些禮品。其創始人章燎原還表示，三隻松鼠會開發更多有意思的贈品送給消費者。在他看來，如果企業能把一些「小」點做到極致化，那麼企業的品牌價值也就出來了。三隻松鼠的這些舉動，對產品的二次銷售和口碑傳播都是至關重要的。

與文案手分享：

「三隻松鼠」被人們稱為電商堅果行業的「海底撈」，和海底撈一樣，其成功的秘訣是：將用戶體驗做到極致，尤其是文案值得稱道。下面我們就來看一下，三隻松鼠是怎麼服務使用者的。

一、「主人」的稱呼

「主人」是三隻松鼠對消費者的稱呼，它不僅用於客服和買家的溝通，關於「主人」的文案也幾乎遍佈整個店內。

比如購物節的宣傳頁面上：「六一九當天，前一百名主人免單！」、「三十餘款新品上市，成本價回饋主人！」、「主人，把我也搶走吧！」

比如產品的說明文案：「主人，想知道松鼠的『無核白』為什麼會這麼好嗎？跟隨小酷（**其中一隻松鼠的名字**）來一探究竟吧！」

再比如貼心的松鼠小貼士文案：「和松鼠做個約定吧，為了更美麗，主人要記得每天吃八顆來自新疆的愛的葡萄乾呦！」

除了三隻松鼠的店鋪頁面文案之外，做得最極致的還是客服。在其淘寶店中，有三十個客服妹妹變身為「松鼠」為「主人」服務，買家在購物時，一不小心就會被「萌到」，從而多買幾包堅果。

二、考慮產品的使用者體驗

使用者體驗是網路產品一直在強調的概念，其主要作用就是滿足使用者需求，讓使用產品的過程變得更加簡單、方便。比如頁面中的按鍵如何設計外形？放在哪個位置更方便用戶點擊？按鍵上應使用標記還是文字？這都是做產品需要考慮的細節。

而文案手需要考慮的是：寫什麼？怎麼寫？才能讓閱讀的過程更加簡單，更易於用戶理解，也更促成用戶的行動。比如，社會學家霍華德・萊文瑟曾做過這樣一組實驗，他想知道自己有沒有能力去說服一組耶魯大學的學生去注射破傷風疫苗。

第一次試驗時，他給學生分發了一本小冊子，上面用誇張的語言解釋了破傷風的危險性和打預防針的重要性，上面還配有非常恐怖的破傷風患者的照片。但在一個月後，僅有百分之三的學生去校醫室注射了疫苗。

第二次實驗時，萊文瑟在小冊子上附了一張校園地圖，並在校醫大樓旁邊列出了打預防針的具體時間安排。最終結果顯示，去接受疫苗注射的學生比例上升了百分之廿八。所以說，文案手要學會在文案中直接給出用戶解決方案。不要和用戶繞圈子，像「戳進去有神秘好禮相送」這類文案，用戶在無法權衡行動時間成本和收益的情況下，很少有人會真的點擊進去。所以，我們要將行動之後能看到什麼、得到什麼，直白、清晰地告訴用戶。

比如我們要儘量避免文案中出現「撥打我們的電話」、「訪問我們的網站和公眾號」這樣的話，而是應給出用戶詳細的指引，比如「點擊文章末尾某某處，進入官網查看某某某」、「掃一掃某某圖片，立刻獲取某某資訊」等。

三、文案必須指向產品

廣告大師伯恩巴克曾教導：「產品，產品，產品。」所以我們要時刻謹記：文案必須指向產品，如果我們試圖先把文案寫得引人入勝，在吸引讀者的注意力之後再提產品，那讀者很可能在他的興趣消失後直接轉身離去。所以，我們要把產品的資訊融入每一句文案中，或者直接將他們合二為一。

比如二〇一四年的支付寶「十年帳單」文案：

二〇××年×月×日註冊了支付寶
我的一小步，人類的一大步
二〇××年×月×日在淘寶的第一次
花了××元
人生之路，剁手起步

該文案一經問世就被廣大用戶刷屏了，之所以會如此，第一是為了曬這些俏皮又討喜的文案，然後就是為了曬自己花了多少錢。這兩點，都能輕易引發用戶的分享欲望。所以說，當文案和產品融為一體時，由於讀文案和使用產品是一回事，所以文案訴求和用戶使用之間的「鴻溝」自然而然地消失了。

一眼難忘的車體文案有「套路」

經典文案重播：五個令人震驚的公車體廣告創意

1 香港一款減肥產品的廣告

2 香港智威湯遜的創意「錯誤的工作」

3 把汽車車輪巧妙化為滑板的輪子

4 國家地理頻道為紀錄片《鯊魚》設計的廣告創意

5 哥本哈根動物園投放的公車廣告

案例解析：

在這個廣告資訊氾濫以及大眾已經嚴重審美疲勞的時代，廣告文案想要突出重圍，只有依靠真正的創意才能成功吸引大眾的目光。就像上面這些公車體廣告一樣，如果每個廣告都能用更具創意性的角度來詮釋自己的產品，那我們的生活一定會更有趣，產品自然也更容易被人們記住。

作為一種戶外廣告形式，車體廣告幾乎是與公共交通的興起同時出現，並以它的移動性、二七〇度的展示性以及高性價比而深受廣告主的追捧。傳統的車體廣告就是將車體當成印刷品，然後把紙上的圖像完全「照搬」到車體上。後來很多人都發現，這種廣告很容易忽視車體本身的形狀和特徵，甚至有時候會弄巧成拙，使廣告起到相反的效果。

所以，新派的車體廣告開始把車體當作「畫板」，完全根據車輛的形態和特徵進行定制化廣告設計，從而湧現出了一批廣告精品。

試想一下，如果我們身邊的公車體廣告都像這種廣告一樣創意滿滿，相信人們想記不住都難。

與文案手分享：

文案手都知道，由於車體設計本身的局限性非常大，所以上面的內容基本只能依靠車型和車體空位本身來安排設計空間，以合理組織版面並合理安排空位。再加上車體本身已經被車窗、車門、散熱片等功能性設施佔據了超過一半的空間，直接導致它能有效利用的空間成為車體設計成敗的關鍵。

下面，我們就來看看在車體創意的設計過程中，究竟有哪些注意事項？

一、儘量放大主題

漂亮的第一眼是吸引眾人眼球，並能帶給人強烈視覺衝擊力的關鍵，所以我們需要把主題盡可能地放大，否則後面的廣告內容不會有人關心。大主題的位置，一般有兩個選擇，即車中部和尾部，並且不要過多佔用玻璃的空間，這是為了避免人們在打開車窗的時候，把主題圖片撕扯成碎片。

另外，除了特殊情況外，千萬不要把文字作為設計的主體。因為文字，尤其是中國文字本身就能被分割成為若干正方形，一旦與公車體配合後很容易使廣告沒有重點，形成亂哄哄的一片，從而讓廣告效果顯得越來越糟。

二、要有統一的色調

為了避免凌亂，整個車體必須要有統一色調，可以是過渡色也可是大面積的單色。另外，最好能有一個貫穿整車的紋樣或者圖案，這種方式可以加強各元素之間的聯繫，把分佈在車體各部位的零散內容串聯起來，讓它看起來更加整體。

三、要根據車體空位合理安排廣告原色

想要依據車體空位合理安排元素，一般要儘量擴大圖片所占空間，像車尾部這

樣的位置，由於有較大的通風口，會降低圖片展示效果，所以安排文字的效果要好一些。總之，我們要仔細分析車體每個部分的功能和結構，以合理安排設計項目。

另外，還要適當地留白，很多時候留白可以讓畫面顯得安靜，能夠給人思想的空間。要注意好介面位置，因為車身一般都不是標準的長方形，還有氣孔、門把手之類的。像我們有時會看到有的車身廣告人的面部剛好讓把手把五官遮蓋了，就可能造成廣告不像廣告的現象。

直言訴求的語錄式文案

經典文案重播：好到讓人錯過站的地鐵海報文案

1華為——我們想和這個時代談一談：

「堅持是這個時代的奢侈品，還是必需品？」

「淺思考的時代是製造熱點重要，還是堅持真實重要？」

「全民都在奔跑的時代，我們何處安放心靈？」

「用廿八年來造好國貨，還是去海外掃貨？」

2豆瓣——我們的精神角落：

「最懂你的人，不一定認識你。」

「有人驅逐我，就會有人歡迎我。」

「曾循環最久的歌單，是媽媽的心跳。」

「你追求的，正是你不想再失去的。」

案例解析：

廣告界大師羅瑟・瑞夫斯提出一個「USP法則」，表示廣告一定要提供獨特的銷售主張或「獨特的賣點」。但是，很多產品卻總是在廣告實踐中忘記了這個法則，恨不得在一個廣告畫面上把電話、地址、服務熱線都放上，最後導致的結果就是，消費者看過一眼就忘了。

如今，某些地鐵中那些語錄式的廣告，卻逐漸開始遵循「USP法則」，學會了單刀直入，只說產品最重要的利益點。比如案例中華為想和這個世界談論的問題；豆瓣的精神角落；萬科的心靈雞湯等，都是用簡潔的一句話為海報內容，卻能給人極強的心靈震撼。

再比如前段時間有一則關於翻譯官的廣告，它就是利用各種各樣的出國語言應用場景，然後緊緊圍繞「一〇七種語言的隨身翻譯」的隨身翻譯專家的定位進行闡述，讓人們一下就記住了這個出國神器。

與文案手分享：

地鐵站的廣告具有更新快、數量多等特點，對每天來去匆匆的上班族來說，他們印象中的地鐵廣告都是鋪天蓋地的促銷、打折等，真正能記住的非常少。但是，也總有一些走心的、走情懷的或是走搞怪風格的地鐵廣告，在人們匆匆而過的時候，願意為之放慢腳步，或品味，或是會心一笑。下面我們就來看看，那些能讓人放慢腳步的地鐵廣告是如何被創作出來的？

一、廣告內容要簡潔

簡潔至上是地鐵廣告的首要法則，其方法就是把簡單資訊重複說，並且還要說一些有調性的內容。所以我們看到的那些地鐵上的廣告，大多都是以文案為主，內容用直陳的表白和簡潔的畫風，沒有爆炸眼球的圖片，也沒有過多的闡釋，都是直奔主題，直言訴求。

另外，在如今這個內容行銷的時代，只有做好內容，並給予使用者想要的或感興趣的內容，才能換取使用者的關注度。比如知乎推出的地鐵廣告中，就是採用冷門知識加上趣味性的表述手法，塑造了自己高知社群的屬性。像「赫本幾歲拿最佳女主角獎？」、「海明威何時寫下老人與海？」……

二、讓使用者創造廣告內容

在產品推廣的過程中，地鐵廣告一般都是遵循「從用戶中來，到用戶中去」的法則。簡單來說，就是利用使用者創造的內容進行產品二次傳播。比如網易雲音樂的地鐵廣告，就是直接將其樂評內容拿來傳播，這些內容都來源於受眾群體，這就相當於把「硬廣」轉成了大家更喜歡的「軟廣」，不僅能凸顯產品特色，還能夠借由用戶對歌曲的回憶感動，將自己的產品植入到使用者心中。

三、要起到社交擴散的作用

如今的廣告已經不再是簡單的廣而告之，而是要給用戶提供「社交貨幣」，也就是提供讓使用者能傳播的內容，讓其發揮出自我分享、自我傳播的管道擴散力量。這種傳播擴散，才是在地鐵廣告最重要的價值。

第九章 回歸行銷，好的文案是吸引消費者忍不住下單

市場研究讓廣告文案成功一半

經典文案重播：哪個白癡換了芝華士的酒瓶

在「哪個白癡換了芝華士的酒瓶」這則文案中，芝華士暗示自己就是這個「白癡」。據說，當初是否要在廣告語中使用「白癡」一詞，曾一度引起了廣泛討論。最後，「勇敢做自己」的芝華士決定延續自己的品牌文化，繼續「勇敢」下去。

然後，芝華士又用長文案解釋了「換酒瓶」這一改變的緣由，是因為當時美國的飲料顏色開始從深色走向淡色，芝華士正好敏銳地抓住這一潮流。

而這，正好戳中了當時用戶心中的點，使該文案快速獲得了人們的關注。

案例解析：

在信息量暴增的今天，網路、雜誌、電視、報紙，甚至是個人郵箱裡，都是各種各樣廣告在競逐大眾的注意力。在這種背景下，想讓一條廣告脫穎而出，猶如登天之難。所以，有很多抓不住消費者的廣告，最後只能悄無聲息地淹沒在殘酷的廣告戰場中。想要在這場混戰中獲得勝利，我們的廣告文案就必須有極強的銷售力度。

正如揚雅廣告公司的創始人雷蒙・羅比凱所說的：「**廣告的目標就是賣產品，沒有其他藉口可說**。」這就要求文案手不僅要懂得用清楚簡單的文字來表達，還要寫出能夠說服讀者願意購買產品的文案。

對此，文案手就得絞盡腦汁、用標新立異來吸引消費者，或者用華麗誇張的詞彙來描述文案內容。無論如何，我們要始終記住一點：廣告的目的不是要討好、娛樂觀眾或贏得廣告大獎，而是要把產品賣出去。

與文案手分享：

為了讓我們的產品文案具有極強的銷售力度，我們需要具體瞭解一下，有哪些方法可以幫助我們儘快熟悉產品和市場，吸引消費者忍不住下單。

一、學會為廣告文案做準備

當文案手要為已經問世的產品或服務創作廣告文案時，就要先針對它做許多準備，比如與產品相關的舊廣告樣張、宣傳冊、年度報告、商品目錄廣告頁、相關文章、技術文件、市場研究、廣告企劃等。

另外，我們還需要從網路上盡可能多地找到相關產品的資訊，以及花一些時間去閱讀客戶的網站或那些跟產品有關的網頁。

當我們研究過產品的背景資料後，基本就可以搜集到百分之九十撰寫文案所需要的素材了。最後百分之十的素材準備，文案手可以通過簡短的產品會談等方式獲得。

二、學會提出與產品相關的問題

對產品有一個基本瞭解後，文案手就可以根據自己的習慣列出與產品相關問題。如「產品的特色跟功效是什麼？」、「哪一項功效最為重要？」、「產品在哪些方面有別於競爭對手？」、「產品與哪些科技抗衡？」、「產品可以為市場解決哪些問題？」、「產品的實用效果如何？」……這些問題可以幫助獲取更多有利於文案撰寫的資訊。

三、學會提出與受眾者有關的問題

除了要學會提問與產品有關的問題之外，文案手還要知道產品與受眾者有關的問題。比如「誰會買這項產品？」、「這項產品究竟可以提供哪些好處？」、「為什麼他們需要這項產品？」、「消費者購買這類產品時，他們主要的考量是什麼？（價格、性能、耐久、服務、維修、品質、效率、購買便利）」……

只有清楚這些問題，文案手才能更精準地對產品受眾者進行定位，撰寫出更合適市場銷售的產品文案。

四、確定文案的目的

文案手撰寫文案的目的一般有這幾點：「篩選潛在顧客」、「鼓勵銷售對象購買」、「鼓勵銷售對象主動詢問」、「回答銷售對象的問題」、「傳達新消息或產品情報」、「建立品牌認同與偏好」等。

為此，文案手在撰寫文案之前，一定要先仔細研究產品的特色、功效、過去的表現、應用及主攻市場等方面的資訊。然後才能寫出具有銷售潛力的文案內容。

總而言之，在市場調查工作中，我們一定要帶有目的性，才能準確指出市場調查的具體要求，並將其逐一明確。當然，調查的目的可能會產生多層次變化，這就需要我們將其具體細化，一一羅列出來，這樣才能時刻提醒我們注意觀察，並對問題引起足夠的重視。歸根究底，其主要目的就是通過市場調查回饋的資訊，創造出更受大眾歡迎的產品文案。

賣產品不如賣故事

經典文案重播：真愛至上「石頭記」

作為著名的玉石品牌，「石頭記」借名著《紅樓夢》裡那段世俗纏綿、兒女情長的故事，讓其品牌極具色彩。它的名字本身也具有非常濃厚的中國傳統文化的韻味，因此深得消費者的喜歡。

如今，一提起買玉器、買首飾，很多人會聯想到「石頭記」。這就要歸功於它把愛情作為自身品牌的永恆主題，憑藉「世上僅此一件，今生與你結緣」這句浪漫唯美的廣告語，不僅說明了「石頭記」所代表的含義，還體現出它本身設計獨特，以及不拘一格的特色。同時還迎合了大部分年輕人追求獨特的消費心理，使其成為男女之間互贈的定情信物。它本身所具有的鮮明的產品個性，也給人留下了良好的品牌印象。

案例解析：

「石頭記」品牌之所以會不斷攀升，全都源於那個「在大觀園裡，一群女人和幾個男人怎麼也理不清的故事」。它產品的熱賣和不脛而走的口碑，則歸功於那一個個若有若無的小故事。

比如「石頭記」的一款「清秀佳人」，就是在彰顯純潔與青春的同時，還能輕易讓人想像到一個窈窕女子在湖邊採蓮的身影，其清新脫俗的外表與滿池的蓮花交相輝映，叫人沉醉其中；一款「富貴人生」，則是在透露成熟與自信的同時，還好像是雄姿英發的商人奔波於塵世，卻又從容淡定。

其實，每一個品牌和產品的背後都有故事，就看我們是不是願意去發現和挖掘。有了故事，就有了經歷，無形中我們就有了資本，就能夠提升影響力。當然，這裡所謂的「有故事的人」，並不單單指你我他這樣的自然人，還可以是一個組織，或者是一個產品。

另外，很多人都知道，無論是上門推銷，還是店面推銷，客戶在購買時都需要經過「引起注意、激發興趣、展開聯想、比較權衡、產生信任、採取行動和滿足需求」等一系列心理歷程。在整個過程中，講故事就是最好的行銷方式。

我們來看下面這則行銷故事：

美國作家羅博・沃克和約書亞・葛蘭在二〇〇九年做了一個實驗：他們採購了一批價格非常低廉的小裝飾品，就是那種在最普通的雜貨鋪裡都會看到的小飾品。然後他們又邀請了九十七位有創意的作家，分別為這些小飾品附上故事，並放在eBay上拍賣。結果他們獲得了意想不到的成功。

那些在雜貨鋪總價只需要一二八・七四美元的小飾品，在eBay上賣出了三八一二・五一美元的價格，他們獲得了百分之二八〇六的回報率。後來，他們又多次重複這樣的實驗，並把收益全部捐給慈善機構，同樣大獲成功。到二〇一二年，他們把這些飾品故事編成一本書，這本書也獲得了大賣。

由此可見，「故事」確實在產品銷售中有著非常重要的作用。並且，講故事不僅可以幫助客戶插上想像的翅膀，還可以使傳達給客戶的資訊變得有趣，給客戶留下深刻的印象，使其在快樂中接受資訊，並對產品產生濃厚的興趣。

也就是說，如果我們能在客戶心中留下深刻、清晰的印象，我們的產品就能獲得真正意義上的優勢。畢竟不喜歡廣告的人很多，但幾乎沒有人會不喜歡故事。故事不僅能分享，還可以加工，更會隨著講述者與傾聽者的變化而不斷演變。

與文案手分享：

一般情況下，有情節、有樂趣的故事，往往更容易為聽者提供足夠的想像空間。對於故事，我們從來都不會缺少素材。任何一家企業、一款產品，都有它或有趣，或迷人，或引人深思的話題，我們要做的，就是把這些話題梳理一下，就能撰寫出自己想要的品牌故事、企業故事、產品故事、服務故事等。

那麼，什麼樣的故事才能成為成功銷售產品的故事呢？

一、產品資訊類故事

這類故事並不是要求我們去介紹產品的類別、款式、功能等資訊，而是將這些資訊都融入產品故事中。比如我們可以找大眾所喜歡的明星偶像來講一個故事，以暗示目標使用者：「我用的是某品牌的產品，愛屋及烏哦。」

二、介紹性故事

這類故事中要包含「你是誰？」、「為什麼來見客戶？」、「你能幫助客戶做些什麼？」……以此來介紹產品的基本資訊。

比如我們可以通過自問自答的方式，把使用者可能會問到的問題自己問出來再自己回答。當然，我們最好能找專業的詞語回答，但也不要太過術語化，要讓用戶聽得懂才行。故事的最後可以再來個承諾，有的消費者很謹慎，最後的「無風險承諾」可能會讓對方下決心購買。

三、引人注意的故事

一般像企業創業史、產品開發故事、感人故事、勵志故事等，都能讓客戶對產品感興趣，並引導他們繼續聽我們說下去。比如下面這個故事：

美國聯邦航空管理局批准億萬富豪傑恩所創辦的「月球快車」公司，可以在二〇一七年發射無人探測器登月，以探索月球上可能存在的稀有金屬鉑及其他可供地球使用的稀土、礦物或氣體。

傑恩是一名美籍印度人，他非常喜歡收集各種太空隕石，家裡更是收藏了價值上千萬美金的各種天空隕石，據估計，全世界博物館的太空隕石都沒有他多。不僅如此，他收集的隕石或者材質獨特，或者含有珍貴的金屬，或者形狀特別，總之都是獨一無二的。

但是，在他的私人隕石收藏館裡，他卻把一塊非常普通的隕石展示在非常好的位置，而且這塊隕石還是他用高價買回來的。

很多人都好奇他的做法，其實原因很簡單，因為這塊普通隕石背後有個不同尋常的故事：它是人類歷史上第一次在掉落時打傷了一個婦女的隕石。因為有故事，所以即便這塊隕石再普通，也讓它變得特別起來，所以他選擇了高價收購。

而每次傑恩給別人展示這塊隕石的時候，都會講當初那名被隕石砸中的婦女是如何痛苦，然後他如何有愛心，用幾十萬美金買下這塊毫不起眼的隕石，最後讓那名婦女得到了很好的治療，還讓她的兒子也有錢上了大學。人們也被他說的故事所感動，然後都會多看幾眼這塊普通的隕石。

四、克服擔心的故事

這類故事可以告訴目標使用者，其他客戶也有過類似的擔心，但通過怎樣的一個過程，讓客戶對這款產品非常有信心，來化解他們的擔心。

比如：「之前我們服務過一位女士，她的皮膚和您一樣，也非常敏感，輕易不敢試用化妝品。後來她看到我們的商品所標示的『無添加成分』，十分感興趣，就鼓足勇氣試了一下，還真沒問題。」

五、自我陶醉故事

這類故事主要是向客戶講述對企業、產品和團隊的自豪感、歸屬感等。比如：「我覺得您的容貌與某某主持人有些相似，真的，你看，她是我們這款產品的使用者和形象代言人。如果您有興趣的話，不妨再看看我們宣傳折頁，上面很多社會知名女性都是我們的忠實客戶，而且她們也願意站出來為我們的商品代言。我覺得您氣質十分高貴，選擇跟她們一樣，才能配得上您。」

除此之外，還有家庭故事、安全故事、金錢的故事等類型。家庭故事是為了告訴客戶，這款產品能使他們的家庭幸福；安全故事能夠表明我們的產品能確保人身安全、經濟安全，或者能夠使人心平氣和等；金錢的故事可以讓客戶知道，我們的產品能為他們省錢或賺錢，比如能有效提高效率、降低消耗、提高產量或提升品質等。

所以說，如果我們有自己的故事，就表示我們擁有了能夠快速獲得口碑的基礎，如果沒有自己的故事，卻有一款好的產品，那就更應該給產品賦予一則動人的故事。

找到產品的賣點

經典文案重播：寶潔公司的ＳＷＯＴ分析

保潔公司一九八八年成立於廣州，其產品品牌主要包括美容美髮、家庭健康用品、居家護理、剃鬚刀等。經過ＳＷＯＴ分析，寶潔得出了這些結論：

Ｓ——優勢：多品牌的策略，使公司在客戶心中樹立起了實力雄厚的形象。其獨特的品牌和廣告創意給每個品牌都賦予了一個概念，它以普通家庭主婦為訴求對象的示範式無間斷電視廣告，與報紙、雜誌等其他多種廣告形式併發，形成顯著效果。此外，它還具有形變能力強，銷售運作模式內外兼併立體化，技術研發的穩定性較高等特點。

Ｗ——劣勢：低端商品和低端技術的行業屬性，使寶潔的品牌精神很快失去「獨特性」，表現出創新的單調和乏力。不僅如此，多品牌的戰略在提高總體市場佔有率的同時，也增加了廣告宣傳的費用，造成行銷資源分散，對企業經營管理水準和人員素質的要求比較高。

O——機會：由於農村市場較大，所以寶潔開始猛攻農村市場，它的香皂、洗衣粉、牙膏牙刷等產品的價格都非常適合農村地區。再加上寶潔旗下產品眾多，但它在品牌的宣傳中卻從不高調，比如寶潔的SK－Ⅱ被爆「違背門」後，很多用戶都沒有將SK－Ⅱ和寶潔聯繫在一起。另外，寶潔還有良好的社會公眾形象，在互聯網日益擴大的今天，其資訊傳播管道也將逐步擴大。

T——威脅：寶潔的SK－Ⅱ事件使其遭受了重創，並使各界對寶潔集團的危機管理體制提出了質疑。再加上本土企業對其的衝擊力度也比較大，主要競爭者的不斷擴張，使寶潔在市場上的佔有率逐漸變小。

案例解析：

SWOT分析法又被稱為態勢分析法，由二十世紀八十年代三藩市大學的管理學教授提出，這是一種能夠較客觀而準確地分析和研究一個公司現實情況的方法。其中，SWOT四個英文字母分別代表：優勢（Strength）、劣勢（Weakness）、機會

（Opportunity）和威脅（Threat）。

一般情況下，SWOT分析更多的是基於企業層面宏觀維度的分析，同時也可以用於細節方面的產品層面分析。專案賣點是基於產品的目標使用者的痛點、需求，如果反過來表述，就屬於打動用戶的亮點，其重點是能體現出與同行相比的差異化優勢。

畢竟在很多時候，賣點就是優勢，當然，兩者之間還是有區別的。就拿一款口袋助理移動辦公APP的產品來說，它的賣點是：解決企業主剛需（**中小企業的是業績提升**），並且不收費（**中小企業預算有限**）。但它優勢卻可以從公司層面回答，比如運營公司本身資金實力雄厚，屬於某地軟體百強企業，本身也是安全出身，產品有安全優勢等。

一般在產品優勢眾多的情況下，只要找到它獨有的優勢，才能找到產品的核心價值。做SWOT分析，正是通過優勢、劣勢、機會、威脅來瞭解自身產品的核心價值和後期風險。

如此，我們只要能將最後得出的分析結論落實到行銷的戰略戰術中，轉化為消費者能夠接受、認同的利益和效用，就能達到產品暢銷、建立品牌的目的。

與文案手分享：

產品賣點是市場行銷的前哨戰，更是市場行銷的突破口。在一般情況下，它會比廣告詞更早出現，即便它的光芒後來可能會被廣告詞所掩蓋或融為一體。那麼，我們要如何把握一個產品的賣點呢？

一、確定產品所針對的需求點

我們給賣點的定義是：優於競品滿足目標受眾的需求點。其中，賣點所針對的需求點主體並不是盲目的，而應該是目標受眾。因為當某一項產品出現時，它所滿足的目標人群肯定是有一定需求的。

比如一部手機，對正常的消費者來講，它能滿足的主要需求就是無線通話功能，但對一個離不開網路的人來說，它就要滿足他的上網需求。文案手的主要工作就是提煉，按照我們所設定的目標消費者的需求，來展開資訊提煉工作。

二、顯示產品優於競品的優勢

賣點是滿足目標受眾需求點的必要條件，優於競品則是充分條件。畢竟存在的產品都會有類似的競品與其爭奪市場份額，為了獲得更多的市場佔有率，就必須有優於競品的優勢。

優於競品中的優勢，主要是通過一種對比顯示出來的。如果在滿足目標受眾需求的對比中無法體現出產品的優勢，那我們的賣點也就不能稱之為賣點了。這裡的競品，一般是指同樣可以在不同程度上滿足目標受眾相同或相似需求的替代品。

在選擇競品時，我們需要經過詳細的研究和選擇。畢竟在商品種類日益豐富的今天，能滿足同一需求的商品很多，如果過於隨意，我們可能無法準確找到目標受眾的偏好。那麼，我們要如何尋找合適的競品呢？

分析自己生活或工作的環境，並分析自己能夠整合的資源，然後給自己確定一個準確而可操作的目標。比如經營小飾品店，肯定是在步行街之類的地方比較適合，如果開在辦公樓這樣的地方，估計就沒什麼人去了。尋找目標競品也是如此，我們必須要準確把握好自身的經營賣點和目標，才能更容易地找到它。

從客戶口中提煉有效資訊

經典文案重播：某面膜產品的客戶問答

下面是某面膜產品的部分客戶問答，文案手就是從中獲得了有效的資訊。

用戶：「咱們家產品是自己研製的嗎？」

客服：「對呀，咱家都是純天然的，不像別家的用完皮膚確實白了，但是有化學副作用。」

用戶：「明白啦！那咱們家一般實體店賣得好些還是網店好些？」

客服：「網店、實體店都有。但網店剛做，單子肯定比實體店少。」

用戶：「咱們家每月銷售額不少吧！」

客服：「好的時候幾十萬元，不好的時候四五萬元。」

用戶：「咱們這個面膜是用的什麼材質？是天然純棉，合成纖維，還是生物纖維的？」

客服：「天然純棉的。」

用戶：「那麼咱們的面膜是按照功能分的，還是按照香蕉、蘋果、木瓜、紅酒等成分分的？」

客服：「哈哈，是後者。」

案例解析：

從以上對話中，文案手能夠提煉出以下資訊：敷過後氣色好、針對所有女性用戶、獨自研發、純天然、可以自然改變膚色氣色、實體店銷量不錯、剛剛涉足網店、純天然、純棉質地等。

從這些關鍵字中，文案手又聯想到：用過後氣色好=具有改善皮膚的功效；獨自研發≈獨特秘方；純天然≈無污染、無化學添加劑；剛剛涉足網店≈傳統老店。

然後文案手就能擬出這樣的文案，如：「某某面膜，看得見的純天然」直接表明其特性；「老婆，你妹妹來啦」暗示該面膜具有減齡作用；「純天然還不夠，純天然棉才是真正的面膜首選」表示面膜的質地。

除此之外，文案手還可以根據產品的時間、使用特點等創作了一些文案，如：「二十年老店寫創始人的故事，初心等對創業路的回顧」、「兩盒以後見效：以身說法，從使用者的角度寫出用後的真實感受」、「純天然：寫對面膜原材料的精挑細選」……

一般情況下，使用者的回饋都是在已經收集的資訊中產生的，而這些資訊對文案手來說則是非常完美的資料。因此，大多數公司的客服部，都會通過電話或問卷調查的方式，去收集到那些或滿意，或沮喪，或生氣的使用者資訊。然後文案手就可以從這些開心或不開心的資料中獲得大量資訊，比如「他們表達了什麼？」、「如何表達的？」、「在哪種情景下表達的？」

另外，文案手通過使用者的回饋資訊還可以瞭解到：目前的文案還缺少哪些內容？還沒有解決用戶的哪些問題？這對文案內容優先順序的設置非常有用。

比如有幾個客戶都打電話來問「如何得到我們的產品退稅款？」文案手就知道應該讓這些資訊在產品推廣的過程中更容易被找到。當然，最重要的是，文案手要確保提供回饋資訊的使用者是自己所寫文案的真正讀者。

與文案手分享：

要想從客戶口中瞭解一些有用的資訊，我們首先要學會以專注的態度傾聽客戶的回答，給客戶一種被尊重的感覺，才能從中獲得更詳細的資訊。除了「聽」之外，我們還要學會「問」，就像醫生在給病人治療之前總會問對方許多問題，這能幫助醫生迅速找到病源並對症下藥。所以，文案手也要學會扮演好醫生的角色，與客戶密切配合，從而發掘出對自己有用的資訊。

一、要有「大局觀」

獲得使用者資訊最簡單的方式，就是讓使用者直接進行產品體驗。在整個用戶體驗的設計過程中，「對用戶研究」非常關鍵，它也有很多形式。

對此，有專業人士認為，對用戶研究的方法由以下四種形式中的一些組合形成的，具體為：

1 行為研究，觀察用戶在做什麼；

2 態度研究，觀察用戶說了什麼；

3 定性研究，分析用戶做事情的原因及提升方案；

4 定量研究，量化可測量的元素，並分析研究資料，比如有多少潛在用戶轉換為真實使用者或者有多少產品銷量等。

從這些用戶研究中，我們就能得到有關網站和產品目標使用者的詳細資料。

二、提煉有效資訊的方法

對文案手來說，大品牌的文案總能給我們帶來意想不到的啟迪，但我們之前收集的資料、圖表等，同樣可以為我們帶來意外之喜。比如每年購買某面膜的人有九，八六四，七九八個，那我們便可以擬出諸如「每年有九百多萬女性不瞭解自己的臉到底敷過了什麼」這類文案主題。

下面我們就來具體瞭解一下文案主題的擬成方式：

●從用戶的隻言片語中提煉

比如當用戶談到了製作工藝，那我們就可以從產品的製作工藝或專業的角度去考慮主題；如果用戶談到了銷量，那我們就要突出「產品受歡迎」的程度；如果用戶談到自己的使用過程，那我們可以創作一些偏重於情感類的主題等。

●通過現有資料進行聯想

每個產品都會存在一定的差異性，那我們就可以在產品的用途上進行創意聯想。就拿瘦身產品來說，我們可以採用對話的角度去聯想主題，也可以從身體力行的角度去聯想文案主題。無論從什麼角度去思考文案主題，都要記住一點：最大限度地放大產品優勢和功能。

●根據行業資料進行創作

在尋找資料的過程中，我們會獲得很多資料，有些資訊同樣可以從中獲得。比如產品使用成功或失敗的資料等，就可以幫助我們做出合適的對比類文案。

最後我們需要謹記一點：無論我們獲得的素材是怎樣的，我們創作的文案主題都要與使用者有關，並要積極向上甚至令人深思。

玩命突出產品細節

經典文案重播：某出租房文案

某社區一主臥出租，房東在網路上這樣說：「社區內老人少，大都是年輕人；社區內有各種商店；交通便利，門口有公車；同意轉租後跟房東聯繫。」

一段時間過去後，雖然有人去看房子，但租客不是嫌房間的朝向不好，就是覺得價格偏高，所以那間主臥還是沒租出去。

後來，房東把租房文案改成這樣：「社區內老人少，無廣場舞困擾；社區內有菜市場和超市，買菜不用再坐公車；門口有公車十分鐘直達地鐵站；直接跟房東簽約，免去坑爹仲介的困擾。」

結果文案發出一個星期後，新房客就住進去了。

案例解析：

高級文案手都知道，只對產品進行文案描述是遠遠不夠的，還需要我們把產品的利益點說出來。

就拿上面的租房廣告來說，修改後的文案就是因為說出了具體的「利益」，才顯得更加吸引人。而很多文案手就是敗在了這一步，他們會非常詳細地介紹產品，但使用者卻表示：「你說的這些特點都不錯，可是對我來說有什麼用呢？」

所以，我們如果想寫出好文案，就需要轉變一下自己的思維，不要「向對方描述一個產品」，而是「告訴對方這個產品對他有什麼用」。

比如當我們描述「這是一款智慧無線路由器」時，用戶可能並不知道我們在說什麼。但如果我們說「你可以在上班時用手機控制家裡路由器自動下片」，這種突出產品細節的方式就可能會讓使用者產生購買欲。所以，我們在撰寫產品時要注意：「我是誰」並不重要，而是「消費者用我來做什麼」才是文案的重點。

也就是我們常說的：「細節才能夠讓你跟別人有所區別。」就拿一部手機來說，看起來都是一個螢幕幾個按鍵。但它的內部細節卻是不一樣的，比如有些手機的圖元高；有些觸控反應好；有些容量大……這些就是讓同樣的產品出現差異的細節。

與文案手分享：

每個產品都是產品製造者打磨了許久才製造出來的得意之作，這一點在文案手接觸那些產品製作人時，聽著他們介紹自己創作出來的產品，在那種眼神發亮、滔滔不絕的形象中就可以輕而易舉地看出來，並給我們「這款產品真的好厲害」的感覺。但是，我們要如何寫出產品的這種「厲害之處」呢？有專業人士表示，「描寫細節」是最好的方法。

一、描述細節的先決條件是瞭解產品

很多人都非常喜歡小米的文案，覺得這些文案很吸引人，其中很大一部分原因就是小米很擅長在微小的細節之處做延伸，讓使用者覺得這款產品和其他同類產品不一樣。

比如小米移動電源這個產品的策劃團隊在制定文案時，初稿是：「小身材，大容量。」後來被否定了，小到底有多小，大到底有多大？這都需要消費者自己去想，不夠直接。還有一則文案是「小米最來電的配件」也被否決了，因為配件會被聯繫到手機殼。其他像「超乎想像的驚豔」這類語句，也因為太過高大上、不夠抓心、與消費者有距離等原因被否定。

經過層層篩選後，小米的這款產品直接定的是一級賣點「一〇四〇〇毫安培小時，六十九元」；二級賣點「LG，三星國際電芯，全鋁合金金屬外殼」。整個文案顯得簡單、直接、粗暴，並且有細節。這些都是建立在文案手對產品的各項功能、性質、特點等都非常瞭解的基礎上，才能有效完成的。

所以，身為文案手的我們，必須對一款產品足夠瞭解，知道它的每一個細節，才能夠真的寫出讓消費者「看得懂」的文案。

二、產品的製作過程能說明我們拆解產品細節

當我們知道一款產品是如何製作出來的時候，總會忍不住對產品製造者牛出敬佩之心，感歎發明者的巧思。就拿食物來說，它最好吃的過程並不是上桌的那一刻，而是它的製作過程。就像我們小時候會跟在媽媽身後，看著她在廚房裡忙碌的身影，嗅著一陣陣誘人的香味，引頸期盼每一道菜的上桌。這個迷人的過程，不該被「一小勺鹽」或「少許醬油」這樣的專有名詞擋在門外。

創作文案同樣如此，要讓用戶感受到我們所寫產品的厲害之處，就是大家都能夠懂得我們在說什麼，而向大家展示產品的製作過程，就是最有效的方法之一。

有些製造者可能會擔心：「如果我都告訴人家我怎麼做的，那被別人學走怎麼辦

呢？」這就要看文案手的功底了，這種文案的厲害之處就在於：當我們告訴別人怎麼做後，別人還是做不來。

再以食品料理為例，現在很多料理的做法早就已經不是秘密了，但即便是我們知道每一道菜的食譜，也很難做出一樣的味道，更不用說像刀工、味覺等這些需要經過長時間練習和體會的經驗了。因此，所展現出的技術細節不僅要讓外行人「不明覺厲」，也要讓內行人能發出「居然能做到這程度啊，真不簡單」這樣的讚歎。當使用者感受到這款產品來之不易時，就表示產品的「厲害之處」已經被我們展現出來了。

推銷一種概念，而非產品

經典文案重播：不滿足於知道，試試搜狗

二〇一六年十一月，搜狗搜索正式啟動以「不滿足於知道，試試搜狗」為主題的年度品牌推廣活動，一系列富有啟發性且明顯帶有搜狗印記的廣告相繼上線，鼓勵用戶參與這場向全世界提問的活動。其廣告如下圖所示：

案例解析：

在「試試搜狗」系列提問式廣告中，文案手利用很簡潔且提問的方式，激發潛在使用者的好奇心，再利用好奇心達到廣告推廣的目的——試試搜狗。這就是一種巧妙地運用了推廣「概念」的原則。

這裡的「概念」，我們還可以把它稱之為「大創意」、「獨特行銷策略」、「噱頭」，無論叫什麼，它們基本都是一個意思。就像牛排廣告中突出的永遠是牛排誘人的味道一樣，我們所創作的產品文案推銷的也是一種「概念」，而不是「產品」。

與這個規則唯一會產生的例外是：當我們推銷的這個產品確實非常獨特或新奇，使產品本身已經成為一種概念的時候，推銷文案的內容才會成為產品本身。正如約瑟夫・休格曼在《文案訓練手冊》一書中提到的：「有些時候概念從產品中自然而然地就產生了，而其他時候概念需要被創造出來。」

就拿電子錶來說，當越來越多的人開始知道電子錶是怎麼回事、怎麼運作的時候，商家就需要在每一則廣告中用一個獨一無二的概念，將這些電子錶的特性區分開來。比如「這是世界上最薄的電子錶」「這是一款裝有內置警報器的電子錶」「這是一款在製造過程中裝配了雷射光束的電子錶」……當我們用這些五花八門的概念來銷售電子錶時，產品就不再是概念了。

與文案手分享：

每家公司都有自己的方法和品牌工具，文案手的作用就是把這些方法或品牌工具展現出來，以達到推廣行銷的目的。我們來看以下兩點：

一、將產品融入概念

先舉個例子，比如可攜式民用波段收音機，它的概念就已經被包含在名字裡了，這就是一種將產品融入概念的方式。當用戶看到這個名字的時候，就會在腦海中出現它的特點，有利於行銷推廣的完成。

再比如說「袖珍黃頁」，同樣也是在產品名字中，就以一種淺顯易懂的概念表達出了產品資訊。在那則廣告中，文案手沒有推銷產品，而是推銷這個概念：代言人站在電話亭裡，手裡拿出一個電子通訊錄，周圍的人對此表示驚羨不已。

這就是融入了產品的概念，這些廣告的效果都非常好。

二、價格可以影響概念

對產品的定價是一門學問。就拿iPhone來說，iPhone 7直接由三十二G記憶體跳到了一二八G記憶體，它沒有六十四G記憶體。為什麼會跳過六十四G記憶體呢，其實這就是一種產品和定價相結合的行為。

它不再給用戶選擇，而是要求用戶，如果你想加錢，就直接買一二八G的。事實上，一二八G記憶體的成本差異並非那麼大。因此，這是一種利用價格去獲得更多利潤的方式。

所以說，有時候只需要簡單地改變產品的價格，就可以很大程度上改變它的概念。比如當我們用一千九百元的價格銷售兒童智慧手錶時，因為它的價格與普通的手機類似，所以我們會把它歸為電子產品；當它的價格降到一百九十元時，它就成了一個精緻的可攜式手錶；當它價格降到九十元時，這個產品就可能被認為是玩具，就是這樣。即便實際廣告中的文案基本一致，但使用者心中對這款產品卻自有定論。

總之，每個產品都有它獨特的賣點可以將它與其他產品區別開來。這就取決於文案手來意識到這個事實，並發現這個產品的獨特之處。如果我們做到了，那麼這個產品的簡單定位和概念延伸就會變得非常有力，就能夠讓我們更好地完成文案創作。

真正的文案高手是提供解決方案的人

經典文案重播：紅牛飲料平面廣告文案

紅牛飲料廣告語：「輕鬆能量，來自紅牛。」

標題：「還在用這種方法提神？」

內容：「都新世紀了，還在用一杯苦咖啡來提神？你知道嗎，還有更好的方式來幫助你喚起精神：全新上市的強化型紅牛功能飲料富含氨基酸、維生素等多種營養成分，更添加了八倍牛磺酸，能有效啟動腦細胞，緩解視覺疲勞，不僅可以提神醒腦，更能加倍呵護你的身體，令你隨時擁有敏銳的判斷力，提高工作效率。」

案例解析：

很多網站行銷人員都以為，在網路上用文案推廣我們的產品，就是自己每天的工作目標。殊不知，這樣一篇「純推銷」的廣告文案，別人可能根本就看不下去。所以，哪怕我們在文案上寫滿了這款產品這麼好那麼好，對用戶來說，卻是「再好和我有什麼關係，我又不買。」

之所以會如此，很大程度上是因為文案中的角度切入點是不好的，需要我們對它進行調劑。比如要讓消費者對我們的產品產生購買的欲望，就要先告訴他，我們的產品到底有什麼用。再加上每個人對產品的需求不用，這就要求我們在撰寫文案的時候，要對不同人的需求進行瞭解，只有定位精準了，才能寫出直擊人心的文案。

因此，**寫文案，明確文案目的是第一步，也就是這個產品能幫助人們解決什麼問題**。只有走好這一步，才能找到產品特點、使用者訴求點，進而吸引用戶的眼球，喚醒人們的情緒。就像紅牛飲料的廣告文案，它直白地表示自己能「迅速抗疲勞，啟動腦細胞」。人們能從中輕鬆獲得自己想要的資訊，才得到了許多人的青睞。

所以，文案手的能力絕不是單純的文案力或是文筆的好壞，而是文案手思考、探索、同理、分析的能力。這也是很多銷售人員會忽略的問題，他們通常都比較喜歡從企業出發解說自己的觀點和產品，進而說服顧客購買，而不是通過分析顧客的回應來解決顧客問題。

這裡，我們先來討論一個很無聊的問題：「用戶為什麼要買東西呢？」因為用戶有需求。再問：「用戶為什麼有需求呢？」因為用戶有問題要解決。當一個產品正好能解決這個使用者的問題時，銷售就會產生。比如，某個用戶覺得自己的皮膚暗沉，而我們的產品作用正好是美白，那就能幫助對方解決問題。一個好的文案，就是要讓用戶能在第一時間知道這款產品所能解決的問題，越是明確，銷售的效果就會越好。

這也就表示，文案手在寫文案之前，最先需要考慮的並不是措辭或創意，而是這款產品的功能，也就是它能幫用戶解決什麼問題。

首先我們來看一個小故事：某公司準備招聘一名優秀的文案手，在最後一輪面試中，一位看起來很溫和的面試官把最後五名候選人召集在一起，並表示在面試之前大家先相互瞭解一番。於是開始談人生談理想，甚至稱兄道弟極度放鬆。

這時，只聽面試官漫不經心地拋出一個「燒腦」的開放性問題：「假如你現在要運營共用雨傘APP，準備在地鐵投放一期廣告，文案怎麼寫？」

有兩個候選人直接談創意，一個開始分析產品特點，還有一個談起了用戶的心理動機，面試官含笑聽著他們的話，並時而點頭似乎在表示贊同。最後一位候選人並沒有直接給出「答案」，而是問面試官：「我想先確認下，寫這個文案的目的是為了什麼？」最後，向面試官提出問題的候選人成了該公司的文案手。

所以說，那些認為「文案是為了給大家看的，用戶買不買，我們沒辦法控制」的文案手應該轉換一下思維。要知道，我們雖然不能完全控制目標使用者的消費衝動，但我們可以將這份衝動變大，從而讓對方發生消費，這就是好文案施展的作用。

與文案手分享：

明確文案目的，是文案思考的起點，找到它，就能找到用戶的訴求點，然後為用戶提供有效的解決方案，進而成為優秀的文案手。對此，我們可以從以下兩點入手：

一、尋找用戶的需求

很多廣告文案常犯的錯誤，就是總想告訴別人自己的產品有多好，服務有多好。殊不知，好廣告從不是對產品功能的描述，而是要為用戶提供解決方案，讓人們覺得這個東西是有用的。

比如說王老吉的廣告語：「怕上火，喝王老吉。」人們都知道飲料的功能是解渴，所以更應該強調的是味道，但王老吉卻從來沒有強調它的口味，而是強調「上火」問題。所以它並不是一款單純的飲料，而是消費者出門在外能預防上火的飲品。

所以說，產品的好屬性或特點並不是它的賣點，而是它的底線。要想寫出好文案，就要學會為用戶提供有效的解決方案，喚醒用戶大腦中的記憶，並使其產生聯想。

二、找到產品的賣點

產品是文案創作素材的主要來源之一，但好像很多人都沒有正確運用這些素材。要知道，創作文案的本質是為產品代言，需要我們從產品素材中挖掘出和消費者痛點相對應的賣點，也就是該產品能夠滿足使用者的什麼心理？能帶給他們什麼實際利益？哪個屬性可以幫助他解決問題？

比如磨砂膏，如果以「深層清潔」為賣點，它能解決的問題就是「沐浴露無法洗乾淨死皮和深層污垢」，文案可以定為：「深入毛孔，『掃』出污垢，給身體來一次『大掃除』」；如果以「天然」為賣點，它能解決的問題就是「身體用品化學成分太多」，文案可以定為：「植物原液基底，更易吸收，與肌膚渾然一體」；如果以「柔軟」為賣點，它能解決的問題就是「磨砂膏顆粒細膩」，文案可以是：「不痛不花皮，溫柔待你」。

在這裡，如何寫標題、用數字還是形容詞等，都屬於文案的「戰術」，如果我們過分強調戰術，就只是管中窺豹而看不到全域。所以，我們需要用戰略思維去指導戰術，才能寫出令消費者滿意的文案，同時也是文案創作的最高境界。

如何在三秒鐘內吸引讀者

經典文案重播：愛迪達「我的故事」系列文案

你將經歷一些艱難的日子，但是所有這些終將過去。
我是大衛‧貝克漢，這是我的故事：
回想一九九八年，
我真希望一切都沒發生過，
當時我的表現簡直像個孩子，
後來我哭了足足十分鐘。
那時不斷有人恐嚇我，
整整三年半我沒有一點兒安全感。
這打擊太大了，我幾乎想要放棄。

後來我在對希臘的比賽中進了球，
所有的記者都起立為我鼓掌，
能讓這些苛刻的評論家為我喝彩，
對我來說，這一刻非同尋常。
艱難的時候總會過去，
只要你能堅持下來！
——大衛・貝克漢篇

案例解析：

「我的故事」文案中的第一句「你將經歷一些艱難的日子」，有效抓住了人們的好奇心，甚至會想像著「是怎樣艱難的日子？」、「為什麼會經歷這些日子？」下一句表示結果「終將過去」。然後說「我是大衛・貝克漢，這是我的故事」，名人效應加上故事，成功讓讀者產生繼續讀下去的欲望。

根據相關調查顯示，消費者對一則廣告產生興趣的主要時間大約只有三秒鐘。也就是說，我們必須在一秒的時間內吸引到消費者的目光，再用兩秒的時間將產品的資訊傳遞給他。在這個過程中，文案必須用最簡短的文案來傳遞出精準的資訊。愛迪達的這則文案做到了。

另外，在廣告學中，相關人士將廣告對消費者的影響歸納為「吸引↓興趣↓記憶↓需要↓行動」五個環節。也就是說，當文案作品通過各種創意手段成功吸引消費者的注意力後，必須明確告訴對方文案想傳達給他們的資訊，以形成品牌印象。如此，消費者才會在需要時採取購買行動。

比如愛迪達品牌之所以能享譽全球，除了產品本身的品質外，與其行銷團隊在廣告方面的全力打造也是分不開的。愛迪達的市場定位為：高端市場。目標消費者有兩個，一個是十四到廿五歲的青年人群，他們敢於追求夢想，喜歡追求時尚，並希望獲得他人的重視；另一個是廿五到卅五歲的人群，他們具有一定的經濟收入，屬於對生活品質和休閒都有一定概念的人群。

目標消費人群的特點，讓愛迪達的廣告媒介也貼近多元化，並一直圍繞體育運動，傳達品牌挑戰極限與個性的精神。並且，愛迪達不做平庸的戶外廣告，也不做低層次的促銷，反而大膽追求突破，喜歡用「大手筆」來實現傳播效益的最大化。

與文案手分享：

文案的創意主要來自大腦對產品資訊的提煉、取捨和表現。廣告文案的目的，就是要將這些創意落實到整個產品廣告中，回歸行銷，讓消費者忍不住下單。要想達到這一目的，文案的創作要從直接創意和間接創意兩種方法入手。

一、文案的直接創作法

直接創作法是一種直接闡述廣告內容、展現產品重點的創意方法。它主要有比較法、直覺法、觸動法三種類型。

●比較法

比較法是文案創作過程中經常會用到的方法，一般用於兩種相近、相似或相對的產品進行比較，使其產生區別，以突顯出產品在同類別中的個性和優點。比如Oogmerk眼鏡行的一組廣告，如下圖所示：

●直覺法

這是一種憑藉直觀感覺的創作方法，比較適用於宣傳產品和企業的主要特徵。其創作關鍵點在於：文案需要準確掌握產品和企業的相關資訊，並從中提煉出最具傳播價值的資

地獄天使和服裝設計師

屠夫和藝術家

訊，再把它作為廣告文案的主要內容。

比如雪豹牌皮裝的文案就是直接說：「皮爾•卡丹雪豹帶您重歸大自然。」這種方法具有見效快、時間短、創意明確等優點，但也有不足之處，比如容易使文案落入俗套，導致廣告索然無味。

●觸動法

某款口紅的廣告是這樣的：

室內，媽媽拿著口紅在鏡子前塗抹，小男孩在旁邊好奇地看。

街上，爸爸背著小男孩，而小男孩卻偷偷往嘴唇上塗口紅，當爸爸回頭時，小男孩親了爸爸一口。街上的人看著爸爸臉上的口紅印紛紛指指點點，爸爸卻渾然不知。

回到家，媽媽一見爸爸就柳眉倒豎，非常氣惱。爸爸莫名其妙，小男孩高舉著媽媽的口紅，笑得開心。媽媽瞬間明白過來，走到爸爸身邊親了他一下，然後爸爸的另一邊臉也出現了一個口紅印記。

這就是文案中的觸動，是一種文案手根據偶然事件的觸發，從而引出創作靈感的方法。這種方法很容易吸引消費者的注意力，從而給消費者留下深刻的印象。

二、文案的直接創作法

文案的間接創作法，是指文案手間接闡述文案內容、體現產品重點的創作方法。它主要包括懸念法、暗示法和寓情法三種。

●懸念法

懸念法的文案創作，是指文案手通過對產品的懸念設置，從而讓消費者產生疑惑，再逐步為消費者解惑的產品介紹過程。

比如在一則廣告中，文案手直接用一張X光片，並在胃部位置懸浮著一隻鑽戒。當時，這只鑽戒成為人們產生懸念的焦點。然後，人們通過畫面中更細節的資訊才知道，原來這是一篇速食食品的廣告，由於食品的香味留在手指上，導致那個貪吃鬼竟然把手上的戒指吸下來吃到了胃裡。

這則廣告畫面中，文案手並沒有直接表現人在吃食品時的情景，而是用這樣一個令人產生疑惑的結果，讓消費者被懸念引導並尋求答案，由此使產品達到吸引眾人眼球的預期目的。

●暗示法

這是一種通過對相關事務的說明和表示，使廣告達到「聲東擊西」的宣傳效果。比如牙刷廣告詞：「一毛不拔」；某打字機廣告詞：「不打不相識」；某滅蚊器廣告詞：「默默無『蚊』」……

在使用暗示法時，文案手還要保證消費者能夠準確理解產品的資訊。比如「保險套」的廣告，如果暗示得過於曲折、晦澀，消費者可能就無法理解，自然也就無法達到產品的宣傳目的了。

●寓情法

所謂寓情法，就是指文案手給產品注入情感元素，以消費者的情感訴求為側重點的文案創作方法。就像炊具品牌「愛仕達」的很多廣告文案，都屬於寓感情於產品中的出色案例。

比如愛仕達推出了「七點回家吃飯」文案：「人們步履匆匆往家的方向走去，賢慧的妻子已經做好了可口的飯菜，時鐘指向七點，爸爸正好回家，一家三口其樂融融共用晚餐。旁白響起：七點，沒什麼比回家吃飯更重要。」

這則廣告儘管看起來普普通通，也沒有曲折的故事，但簡單的一句「七點，沒什麼比回家吃飯更重要」卻成功地打動了消費者的心，尤其是對那些因為工作繁忙而不能聚在一起吃飯的家庭來說，這句話更是一個溫馨提示和警醒，所以更加深入人心，讓消費者對品牌產生心理認同感。這則廣告的播出，順利讓「愛仕達」的銷量人增，有效提升了品牌影響力。

第十章 選對發佈媒介和時間 文案才更具衝擊力

根據產品特點選擇推廣媒介

經典文案重播：特步廣告文案

特步廣告語：「特步非一般的感覺！」、「特步讓您超越無限，成就夢想！」

平面廣告文案內容：

為了夢想不斷超越，追逐著夢想不斷前行，特步永遠伴隨你的腳步，給你注入最新鮮的活力，特步——永不止步！

廣播廣告文案內容：

A：「最近怎麼看你跑步越跑越精神了？半天都不帶喘氣。」

B：「嘿嘿！你就不知道了吧，這是個秘密。」（小聲說）

A：「那你快點告訴我，你看我這都快跟不上你的節奏了。」

B：「那你可得請我吃飯哦！」

A：「一定一定。」（迫不及待）

B：「那是因我穿了特步運動鞋。」

A：「啊！有這麼好的效果，我也要去買一雙。」

旁白：「非一般的感覺，讓運動與眾不同，愛跑步愛特步！」

電視廣告文案內容：

清晨，一個帥氣的年輕人在公園裡跑步，有很多同在晨練的人都看著他。一會兒，又有三三兩兩的人加入了青年的行列，跟著他一起跑。年輕人奔跑的腳步穿越了更多的晨練地點，有更多的人加入了跑步行列，男女老少都有。之後，所有從旁邊經過的人都受到他們的感染，加入了跑步隊伍。

最後，年輕人站立鏡頭前雙手懷抱胸前說：「讓運動與眾不同，愛跑步愛特步！」特步Logo出現。

案例解析：

作為大型的體育用品企業，特步在品牌推廣方面下了很大功夫，也借助多方媒介把品牌的獨特文化推向了全世界，並獲得全球青年的喜愛。

在這些推廣媒介中，電視廣告是最具影響力的傳播媒介。比如從二〇〇八年特步獨家贊助北京奧運會開始青年文明宣傳號以來，特步就逐漸走向了國際舞台。當時，特步的廣告宣傳片以謝霆鋒打拳擊出場，以跨越街頭橫欄為主要場景，體現了特步「與眾不同」的文化內涵。

二〇〇九年，特步作為十一屆全運會的合作夥伴。在廣告中以一萬一千公里火炬傳遞為標誌，展示了特步具有拚搏、勝利的品牌形象，並以「特步，二〇〇九年十一屆全運會合作夥伴」為口號，給消費者一種值得信賴的信任感。

通過這樣的電視媒介，特步所展現的運動、時尚、青年的文化內涵，引起無數消費者的喜愛和關注。

所以說，當一款成功的產品被開發出來後，就要想辦法把它推出去。就像是一個需要不斷包裝和投入的明星一樣，需要不斷製造「話題」才能吸引使用者，靠各種媒介發出的推廣文案和足夠的內容和活動來支撐，否則它很快就會被人們所忘記。因此，比產品開發更難的，是後續的運營和推廣。

其中，文案推廣的主要產品媒介有：網路傳播媒介、戶外廣告傳播媒介、電視傳播媒介、報紙雜誌傳播媒介。

首先，網路傳播媒介的方式比較多，像微博、論壇、微信等，都能迅速讓我們想要推廣的文案資訊傳播出去。並且，網路傳播的方式具有受眾準、轉化高、成本低、實效快、資源多、覆蓋廣等諸多優勢。

要想寫出好的網路傳播文案，我們就需要掌握一定的寫作技巧。比如適當地使用一些流行網路用語、吸引人的引導詞等。文案要儘量精簡，比如微博的字數最好能保持在一百字以內。方便讓用戶一目了然地知道我們想表達的含義，文字過多則容易引起使用者的反感。

其次，戶外廣告是一種特殊廣告媒介，對產品的推廣有著重要的影響作用。目前，我們常見的戶外廣告有企業ＬＥＤ廣告燈箱；高速路上的路邊看板、霓虹燈看板；ＬＥＤ看板及安裝在窗戶上的多功能畫蓬等，甚至還有升空氣球、飛艇等先進的戶外廣告形式。

這種以近乎真實的體驗標誌，能夠最大程度地吸引顧客的興趣，衝擊顧客的感官體驗欲。並且，戶外廣告的發佈時間較長，也能給用戶留下較為深刻印象，以形成一定的品牌影響力。另外，這種廣告的成本較低，一般只需要較為簡單的海報設計即可，所需要的材質和設備也相對綠色化，不會出現高成本的運營。

第三，電視傳播媒介主要是運用電視的媒介進行廣告推廣，以實現品牌的文化推廣，使品牌的文化符號在人們的視野中形成良好的形象，激起人們的購買欲，並擴大品牌影響力。

就廣告推廣而言，電視媒介具有諸多優點，比如覆蓋面大、普及率、視聽兼備、綜合表現能力最強、具有衝擊力和感染力、易與收視者建立親密感情、貼近生活等。因此，電視傳播媒介的廣告效應能得到最為廣泛的群體收視，得到較好的傳播。各品牌正是借助於這種效應，能給自身品牌樹立良好的形象，引起人們的共鳴，起到良好的宣傳效果。

第四，作為最持久的傳播媒介，報紙和雜誌對品牌的傳播有著重要的影響。尤其是報紙，作為最傳統的資訊傳播媒介，它有著廣泛的市場基礎，成本的製作費用也較為低廉，所以受眾範圍廣。但它的視覺效果較差，一般都是普通的黑白版面。並且報紙的生命週期很短，資訊也顯得較為紛繁造亂，難以獲得人們真正的可信度。

與報紙相比，雜誌雖同樣是一種紙媒，但它的規格更高，專業性也更強。比如一本專門為某產品設計雜誌，我們就可以從它的圖片、文字等各方面做到專業詳細，以求完整地表現一個品牌的文化價值和品牌內涵。但它的覆蓋範圍較小，並且成本比報紙高，同時，因為它傳播窄、覆蓋範圍小的特點，使雜誌同樣缺乏一定的時效性。

以上是目前較為普遍的品牌推廣的媒介方式，每一種媒介都有其優點，但也有其不足，我們需要充分運用各種媒介的相互結合，才能真正促進品牌的推廣效果。

與文案手分享：

在不同的互聯網環境下，每個人所做出的反應是不一樣的。比如我們寫一篇生活產品類的文案，結果卻把它發佈到花藝類的平台上，得到的用戶回饋可想而知。所以，我們需要根據產品的特點來選擇適合產品投放的媒介，才能獲得更好的品牌推廣。下面我們就來看看，我們寫的文案要放在什麼樣的環境下才能獲得更好的效果？

一、理財金融類文案

這類文案一般都是一些金融機構的產品廣告，會詳細介紹一些關於理財產品的收益情況或是一些好的投資方式，並且這類廣告帶有明顯的男性趨向。與此相對的，很多女性看到這類廣告後都可能「不感興趣」，比如我們把它投放在與美食或母嬰類的電視頻道或網站上，肯定無法得到人們的喜歡。

所以，我們可以把這類文案投放在財經頻道，或者是財經資訊類的論壇、公眾號上。另外，還可以考慮選擇一些與金融理財相關的流量大號、著名公眾號等，這類公眾號上都有比較穩定的粉絲，對於推送的一些廣告內容也會有比較好的閱讀量，有了好的閱讀量後就會產生一定數量的轉化，從而就能達到比較明顯的廣告效果。但這類廣告不適合投放在ＩＴ類、美食類、母嬰類，受眾對廣告內容不感興趣，讀了也並不會有轉化。

二、小說類文案

小說類文案是目前比較火的一類，文案內容大多是一部小說的節選，而廣告官方則是小說版權網站，用戶可以通過閱讀轉化成網站的付費會員。這樣一個轉化鏈意味著使用者需要有閱讀習慣，還是那種喜歡在閒暇時看一些小說的人。

因此，我們在投放這類文案的時候，可以選擇在情感類或娛樂資訊類的網路平台上定期更新。因為這類文案的使用者都有閱讀長篇文字的習慣，所以對於長文案不僅不會排除，還會產生較好的效果。

當然，這裡我們需要注意一點，小說類的文案千萬不要出現在視頻類的網站上，因為視頻類網站的使用者大多都比較喜歡看多媒體形式的東西，像這種單純枯燥的文字無法讓他們產生閱讀興趣。

三、美容減肥類文案

這是一種帶有明顯性趨向的廣告文案類型，女性是這類廣告的主要受眾者。因此，這類文案可以投放在母嬰類的平台上，因為一些孕婦或剛生完寶寶的媽媽，可能會有產後皮膚和體型恢復的需求。

除此之外就是養生類平台比較適合這類網站的投放，因為女性關注養生的數量要比男性多一些，再加上美容瘦身的部分資訊和養生相似，都是為了讓人變得更健康、更漂亮，所以廣告效果不會差。

相對而言，像財經類、新聞資訊類的平台就不太適合投放美容減肥的廣告文案，畢竟這些平台上的男性用戶比較多。而且他們喜歡的文案類型也完全不同，對於這種明顯的廣告文案很容易產生抵觸情緒。

主流新媒體平台的創作要領

經典文案重播：馬克的故事

某航太中心的指揮塔內，年輕人馬克正聚精會神地注視著前面的螢幕。忽然，螢幕上同時出現了兩個移動的目標，它們越飛越近，甚至有迎頭相撞的危險。心急如焚的馬克緊緊盯著螢幕，手指手忙腳亂的鍵盤上操作著。但是，飛行物仍然像設定了程式一般，依然越飛越近。慘劇發生，整座指揮塔被撞擊的火光映紅。但就在慘劇發生的那一刻，馬克像變了個人一樣，他興奮地緊握自己的雙拳，一陣難以抑制的狂喜從臉上掠過。這時，畫面上出現字幕：「馬克，曾任電子遊戲程式設計員」。廣告語：「你可以換老闆，但千萬別換專業。」

——求職網站廣告

案例解析：

新媒體是一個不斷變化的概念，主要是相較於傳統媒體而言的。一般只有媒體構成的基本要素有別於傳統媒體，才能稱得上是新媒體。它的到來不僅是勢不可擋的，更給傳統媒體的廣告和行銷帶來了極大的衝擊。

與傳統媒體相比，新媒體最大的革新，就是由集體對受眾的廣播形式變成了受眾自發的點擊和定制內容。當我們的生活方式隨之發生變化後，我們獲取資訊的管道和相應的傳授方式也發生了同步變化。

比如現在網上購物、網上聊天、網上閱讀等行為已經不再是一種時尚，而是成為我們生活中不可或缺的一部分；寫日記、寫信、交友、訪客等生活方式也被寫長微博、發E-Mail、微信聊天等逐步取代；新聞、閱讀、影視等只需要一部手機就能全部實現。所以，新媒體就順理成章地成了主流的媒體平台。

與文案手分享：

在網路時代影響下的消費者，「懶」是其特徵之一，很多使用者都不太願意去思考。所以，文案手就必須讓潛在用戶能在第一時間裡知道，我們的文案要表達的內容是什麼。直白點來說，就是文案要簡單、好記、易傳播。那麼，我們要怎麼在新媒體平台上寫出這樣的文案呢？

一、把受眾進行分類

文案手都知道，寫給學生看的和寫給上班族看的文案是不一樣的。所以，我們需要先確定這篇文案是寫給誰看的。一般情況下，我們可以根據年齡劃分，把主要的受眾分成三類人群：十八到廿二歲，廿三到廿七歲，廿八到卅三歲。

比如十八到廿二歲的人多為大學生，所以對產品的要求是以學習和娛樂為主，購買因素基本是好看或實用，使用場所一般是在教室或宿舍；廿三到廿七歲的人大多是初入職場的年輕人，對產品的要求主要是以社交、工作、娛樂為主，性價比和方便攜帶是多數人的購買因素，使用場所一般在辦公室或住所；廿八到卅三歲的人大多為商務人士，生活大多被工作和育兒包圍，方便攜帶、有格調的商品可能會成為他們的首選，使用場所則是以辦公室、家庭、咖啡廳等地為主。

這種根據不同人的年齡、購買目的、使用場所等不同的維度，我們可以填充一個有效的使用者群屬性，面對不同的受眾用戶，則表示我們所寫文案內容的結構、側重點和語言措辭的不同。

二、學會「長拆短」和「偏激」式寫作方法

●長拆短

「長拆短」的寫作規則是這樣的：第一行永遠是主題；一段話儘量不出現兩行、三行的情況，最好能在十九個字內解決問題；要有故事；內容包含主人公。我們來看這樣一篇文案：

有人問我狗喝醉了怎麼辦？
事情是這樣的
他家有一隻大黃狗
誤把白酒當水喝
現在暈乎
……

從中我們可以發現，這種文案的寫作技巧之一，就是一句一段。究其原因，其實是為了適應用戶在手機這種移動設備上的閱讀習慣，這就是所謂的「長拆短」。

●偏激

想讓別人記住我們的文案，中庸之道不可取，只有那種偏激、深刻的文案才會讓人印象深刻。因為這樣觀點具有煽動性，它所表達的強烈情緒才會影響到別人。

三、根據不同平台編寫內容

不同的平台決定著文案的形式、閱讀習慣、傳播機制也會有所不同。比如微博是個開放式的平台，我們就可以做一些轉發、抽獎送等方面的活動，但微信就不可以。所以，同樣的活動並不一定適合所有的平台。

這裡有一個比較「笨」的方法，文案手可以每天到微博、頭條等我們想投放的一些平台和網站上，去尋找能夠吸引我們的標題，保存後再思考這些標題是如何打動我們的。雖然會很麻煩，但長期堅持下來後，就可以發現，這比看一些「逆向思維理論」等方法要實在得多。

做好這兩步後，根據投放測試效果進行回饋和修改，從而找到轉化最高的文案版本。總之，新媒體平台的創作與傳統媒體不同，並不需要我們保持所謂中立的觀點。在這些平台上，我們可以相對自由地發表獨立的觀點，也可以有自己的個性，很多關注我們的用戶就是被我們獨特的個性所吸引的，也更容易與對方產生情感的共鳴。

借勢熱門事件的文案要搶佔先機

經典文案重播：「小李子」獲得奧斯卡小金人後

二〇一六年的奧斯卡在李奧納多捧得小金人後，網路資訊一度變得格外熱鬧，比如微博話題從二月廿九日下午到晚上十點就增加五億閱讀。這樣的關注度，除了李奧納多的貢獻之外，還有一小股不容小覷的借勢行銷勢力為其「添磚加瓦」。

至於李奧納多為什麼會被叫作「小李子」，這和他的名字被翻譯成「李奧納多」有關，比如趙薇的《愛情大魔咒》這首歌裡，他就被叫成「李奧納多」，而影迷們又覺得叫「小李子」更加親切。

我們來看看那些在「小李子」身上下了功夫的企業借勢案例。不得不說，那些文案真的很不容易，就奧斯卡這件事兒，李奧納多當屬最大的爆點，然後我們就能看到各種圖片、文案等都是跟他有關。光一個「李」字就已經想出花來，像什麼「李曾是少年」、「李最珍貴」、「有李更精彩」、「終於等到李」……

案例解析：

熱點行銷其實就是一種「借勢行銷」，是指企業及時地抓住廣受關注的社會新聞、事件以及人物的明星效應等，再結合企業或產品，在傳播上達到一定高度而展開的一系列相關活動。從行銷的角度來說，這是一個通過優質的外部環境來構建的良好行銷環境，是能夠達到我們需要推廣目的的行銷方式。

比如李奧納多榮獲奧斯卡男主角獎後，文案手們都開始拚命趕製出各種與他相關的文案，比如Uber馬上用Uber地圖的方式推出「李曾是少年」、「李最珍貴」等文案。此外，還有國美線上的「小李得獎，老李發券」的優惠券活動。紅牛更是直接放了兩顆李子，告訴人們「小李子牛了」。

總之，一個事件成了熱點之後，就會有成千上萬的人來關注。一般這種時候，只要我們的文章寫得足夠有吸引力，很容易就能獲得大量的轉載。

與文案手分享：

現在很多品牌都在借「事」行銷之風，首先就是因為它的成本低。其實這是很容易理解的事情，比如NASA發現「另一個地球」這個大事件，很多運營商借勢行銷的手法就是隨便想一條文案，然後讓設計人員稍加設計一下，就可以扔到朋友圈上刷屏。借勢行銷真的這麼簡單嗎？下面我們來具體看一下：

一、什麼是借勢行銷？

關於「借勢」的能力，我們要先從陳列說起。比如商店裡的巧克力原本是放在糖果類產品的貨架上，鮮花則會放在生鮮區的旁邊以利用其濕度。這兩種產品在平時根本不會有見面機會。但到了情人節，巧克力和鮮花就會變成最強搭配，如果把這兩種商品陳列在一起，讓消費者順勢購買，就可以達到提高銷售額的目的。這就是一種借勢節日的方式。

還有一個典型的借勢行銷案例，就是沃爾瑪賣場將尿布和啤酒陳列在一起。單看這兩樣東西，完全沒有關係，但相關人士經過分析和調查後發現，很多年輕的爸爸都會被妻子打發出來給孩子買尿布，而他們都有喝啤酒的習慣，所以每次都會順帶買些啤酒回家。這種借勢行銷的方式，借的就是消費者購買行為的特殊性。

由此我們能夠充分意識到：借勢，很可能就是企業或產品突然大賣的契機。

二、如何借勢？

關於如何借勢的問題，著名行銷策劃人葉茂中老師說：「學會傍和蹭。」簡單來說，就是要學會抱最粗、最美的「大腿」，蹭出火花，然後奮力往上爬。這也就意味著現在的企業、品牌、產品，需要的不再是一個只會坐著寫文案的人，而是需要一個能夠通過與「勢」爭奪話語權並能成功上位的人。比如麥當勞的麻麻黑甜筒，它的色彩就和「世界地球日」的關燈理念不謀而合，除了Logo之外全部運用灰黑色系，不僅讓品牌顯得興趣盎然，也讓產品有一分「公益愛心」。

根據文案的特性來撰寫文案

經典文案重播：比你想像的還要低

深夜，一位身穿白衣的女孩被一名陌生男子跟蹤。為了躲避對方，女孩跑進了一個尚未完工的建築工地，但陌生人還是緊緊地尾隨而來。工地裡一片漆黑，地上還積著水，女孩跌跌撞撞地向前跑著，而跟蹤者離她卻越來越近了。就在對方馬上要抓住她的時候，跟蹤者的頭撞到一根橫貫的鋼管上。

原來，那根鋼管的高度正好和跟蹤者額頭的高度相同，由於他並沒有發現它，所以一下子就被撞暈了。而女孩也倖免於難。

螢幕上顯示出字幕：「瑞士電信新資費，比你想像的還要低。」

——電信廣告

案例解析：

文案手在創作文案的過程中，可能因為關鍵資訊不明確，或是這樣那樣的原因，寫出那種令人很費解的文案，讓用戶還沒有讀完就直接放棄了。之所以會出現這種問題，很大程度上就是因為我們在產品的文案推廣計畫中，沒有考慮到管道的特點。

像上面這則廣告內容，視頻的方式明顯就比宣傳單派發的方式更加吸引人，並且視頻是以故事為出發點，所用時間也比較短，讓用戶有足夠的耐心看完它。

這就是因為不同管道會帶給用戶不一樣的體驗，所以我們很多時候都需要根據管道特點去調整文案，讓用戶明白文案想要表達的含義，就不會出現錯過或誤解。

與文案手分享：

文案的內容和形式與產品的推廣息息相關，而產品的推廣管道同樣會對文案產生極大的影響，下面我們就來具體瞭解一下：

一、管道影響文案？

就拿我們在高速公路旁邊看到的看板來說，試想一下，當我們的車用每小時一百公里的速度經過那個看板的時候，真正能夠有效看到看板的時間大概是三到五秒，而看板的大小指數只有半截小指的長度。在這種情況下，如果我們無法有效解讀看板上的內容，就表示上面的文案並沒有起到任何作用。

反過來，我們就可以這樣理解，只有根據自己做廣告的目的，找到使用者能有效解讀廣告文案的方式，我們就能找到適合文案推廣的管道。

二、管道特徵

一些常見管道的特徵如下：

●搜尋網頁

可用文案長度：二十字

有效閱讀時間：一到五秒

用戶閱讀感受：大多是根據關鍵字來跳著看搜索結果，找資料的時候還會關注問題的時間進行選擇。一般情況下只會看前三頁的搜索結果，最多五、六頁，如果再找不到想要的結果就會失去耐心。

文案手目標：介紹產品、介紹產品賣點，引導讀者點擊、看創意，完成品牌曝光。

●傳單

可用文案長度：三到五字

有效閱讀時間：〇・五到兩秒

用戶閱讀感受：要有一個吸引人的點，比如會看傳單的人大多是希望能通過它夠獲得什麼優惠資訊，如果全文沒有重點內容，或者和自己目前的需求不相關的話，傳單很快就會被扔掉。

文案手的目標：吸引讀者閱讀正文內容。

●視頻廣告

可用文案長度：不確定

有效閱讀時間：五到十秒

用戶觀看（閱讀）感受：如果是故事類的廣告可能會有較強的吸引力；如果是遊戲類的可能會直接關掉聲音；如果是宣傳片之類廣告可能會看看有沒有自己喜歡的明星。但是，一般當廣告時間超過三十秒後，用戶如果沒有找到自己感興趣的資訊就會關掉它去流覽別的頁面。而那些時間短的廣告，即便已經看了很多遍也可能會勉強自己再看一遍。

文案手的目標：在五秒內出現讓用戶感興趣的文案，吸引使用者看完視頻廣告。

●微信公眾號

可用文案長度：十四字以內

有效閱讀時間：一到三秒

用戶閱讀感受：一般標題只看前半句，如果很短則會看完。看到留有懸念的標題會好奇並想點進去，但點開後如果發現都是沒有用的內容就會馬上關掉。如果是用戶感興趣的公眾號，則對標題字數沒有太介意，只會關注該文案是不是自己想要學習或具有實用價值的。

文案手的目標：在十四字以內引起讀者的興趣，並引導讀者點擊。

●微信朋友圈

可用文案長度：廿二字（＋朋友介紹）

有效閱讀時間：二到四秒

用戶閱讀感受：沒有朋友感悟的情況下只看標題，如果跟網路行銷有關的，一般會點進去看，與熱點結合緊密的也會進去看。有朋友感悟的話，看朋友說的再決定看不看，這時候停留時間會長些。

文案手的目標：在廿二字以內引起讀者的興趣，並引導讀者點擊。

●高速路上的看板

可用文案長度：八字以下

有效閱讀時間：三到五秒（＋汽車後座視野）

用戶閱讀感受：一般標題大的都能看得到，圖文相關程度高的廣告更容易被記住。而詳細的介紹、電話等資訊則很少有人會關注。另外，品牌的名稱一定要大，有的看板把廣告詞放得很大，看完後根本不知道是什麼品牌，並且背景圖與字體的對比要儘量強烈一點，否則會看不清楚。

文案手的目標：讓讀者對品牌和文案產生記憶。

●公車月台廣告

可用文案長度：五到七字

有效閱讀時間：一到三秒

用戶閱讀感受：不感興趣的都是掃一眼就過去，明星類的代言廣告會看久一些，產品類的廣告只會注意名稱和Logo。

文案手的目標：讓讀者對品牌和文案產生記憶。

三、管道和文案的配合

關於管道與文案應該怎麼配合的問題，我們先來看下圖所示：

圖中，第一層級為「品牌曝光」階段，因為用戶對文案接觸的時間少，所以文字要儘量簡練，突出核心資訊，做品牌曝光，比如高速公路看板。

第二層級為「曝光＋單一賣點」階段，這時產品一般已經積累到一定用戶，所以要求文案在品牌曝光的基礎上還是突出賣點，當然，這個階段的賣點仍然以簡練、突出核心為主。

第三層級為「曝光＋指引行動」階段，表示產品聚集的使用者量已經達到一定程度，所以它的有效時間和文案資訊都可以適當延展，比如引導用戶點擊進入、註冊、購買等，像百度推廣就屬於這類。

第四層級為「詳細說明」階段，表示產品已經聚集了相當一部分的「死忠粉」，所以可以進行有效時間和文案資訊的最大曝光。

第五階層為最詳細說明和互動，多層次多角度地與使用者進行有互動。比如像視頻廣告、展會、體驗式行銷等。

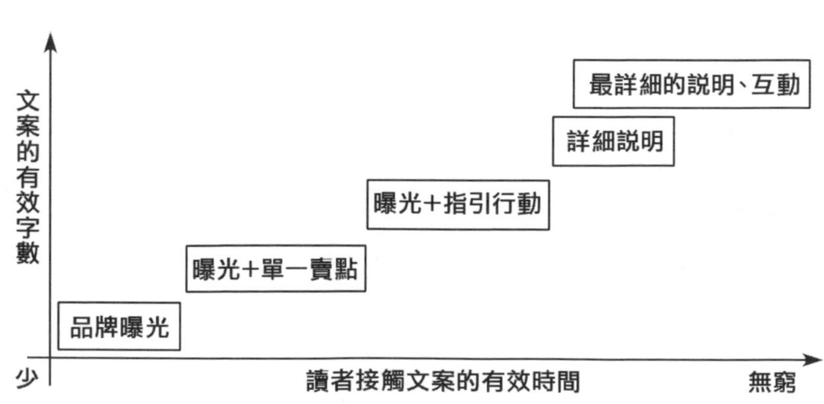

線上文案與線下活動的配合發佈方法

經典文案重播：大眾汽車找了一位盲人攝影師

二〇一七年九月，大眾汽車推出全新的Arteon車型，並特意找來了盲人攝影師皮特・埃卡特來負責廣告拍攝工作。

皮特・埃克特並不是一開始就看不見，但他失明後，卻一直沒有放棄攝影這條路。他利用自己的其他感官，如聲音、觸摸、記憶等在頭腦中建立影像，並用長時間的曝光和色彩光線來創造獨特的效果。他說：「我是擁有視覺的人，只是看不到而已。」因此，在不同的閃光燈和調色板的幫助下，他開發了獨特的視覺語言。

比如這次Arteon的作品，他就是在一開始慢慢接近車子，逐漸追蹤從外部到內部的每一處線條，直到在他腦海中產生完整的Arteon形象。在最後的攝影作品中，他也完美地呈現出了汽車的速度和美感。

案例解析：

產品推廣其實就是品牌的認知期，它既是用戶對品牌的認知期，也是企業對自己的一個認知期。一個良好的企業形象不僅要有效提高品牌的辨識度，還需要強有力的使用者支撐，在這個過程中，只有線上文案和線下活動相配合，才能達到社會效益與經濟效益的有效實現。

一般情況下，產品初期的推廣側重點都在網站引流和品牌形象的塑造上面，比如提高產品的網站訪問量和註冊量等。因為使用者要想直接瞭解產品的服務內容以及相關要求，通過網站是最直接有效的方式，上面會有產品最新、最全面的資訊，有些產品網站上還有線上客服等服務，能夠讓使用者最全面、便捷、直觀地瞭解自己想要瞭解的資訊。

其中，如何讓用戶知道我們的網站並進入我們的網站，就是文案手在產品的前期推廣中需要做的。除此之外，大力發展微信公眾平台、ＡＰＰ等互聯網媒體，能夠幫助使用者對產品的品牌產生進一步的信賴感，讓使用者對我們產品的安全性、可操作性等方面有充分的瞭解。

與文案手分享：

很多品牌做推廣時都是採用跟風的方式，看哪個人利用什麼方式獲得了較好的使用者回饋，就馬上投入。比如看到別人網路行銷做得好，也不管自己的產品是不是適合這種方式，就馬上開始建立網站。殊不知，別人的方法未必就是合適自己的。下面我們就來具體瞭解一下：

一、線上推廣方案

我們以某款APP產品的線上推廣方案為例，來看看產品的線上推廣方案有哪些？

1應用推薦網站應用商店

應用市場又被稱之為應用商店，是指專門為移動設備手機、平板電腦等應用下載服務的電子應用商店。線上推廣主要是上傳應用的平台，在國內電子市場中，主要由硬體開發商（如聯想應用商店等）、軟體發展商、網路運營商（如移動MM、天翼空間、沃商店等）、獨立商店（如安卓市場、安智市場、機鋒市場等），和一些B2C應用平台等形成。能夠全面覆蓋建立符合用戶習慣的下載管道，方便用戶通過各種管道進行ＡＰＰ的下載和使用。

2 搜索百科和百度文庫

作為一款搜尋引擎自由的產品，搜索百科具有很高的網站權重和公信力。因此，像百度百科、搜搜百科、互動百科等，都是推廣ＡＰＰ的主要載體，文案手需要編輯出有利於ＡＰＰ應用推廣的詞條，通過審核後，就可以讓使用者通過關鍵字搜到與ＡＰＰ有關應用，並從中瞭解到更多詳情。

百度文庫是一種能夠通過文案設計並發佈的文庫，文案手可以利用它上傳一些關於ＡＰＰ應用的產品介紹、使用評測、詳細攻略等，並從中獲得良好的口碑傳播，也方便用戶瞭解和使用ＡＰＰ應用。

3 搜尋引擎推廣

搜尋引擎是互聯網使用者獲得資訊的主要管道，其結果具有多樣化的特點，包含網站、百科、文庫、新聞、視頻等資訊。文案手就需要針對這些資訊類型進行文案推廣佈局。另外，由於大多數使用者在搜索資訊後，都會習慣性的按照排名順序進行流覽網頁。因此，保證ＡＰＰ應用的相關關鍵字能夠排名靠前，是讓用戶點擊下載的關鍵。

4 ＡＰＰ論壇置頂

論壇是使用者分享資訊的集散地，其中，Android論壇主要是機鋒、安卓、安智、木螞蟻等，ＩＯＳ論壇主要是威鋒、麥芽地、愛應用等。所以很多文案資訊每天都是通過論壇進行發佈，以吸引用戶的眼球。但是，如果文案手只是撰寫了單篇論壇帖子而不對其進行維護的話，無論什麼內容都很快就會沉底。所以，除了要寫好發佈論壇的帖子之外，安排網推專員進行維護置頂是很有必要的。

5社交平台推廣

所謂社交平台推廣就是建立微信公眾號，然後由網推專員定期對其內容進行更新，以形成有效捆綁用戶的方法，甚至可以進行二次行銷。這種推廣方式可以讓使用者擁有極大的參與空間，也方便用戶在平台上分享、評價、討論、溝通。

6網路新聞事件

網路新聞事件屬於公眾輿論的一個風向標，它可以根據搜索關鍵字等方式，定期發佈利於ＡＰＰ應用的網路新聞，並以此提升ＡＰＰ應用的曝光率。

二、線下推廣方案

我們仍然以某款ＡＰＰ產品為例，來瞭解一下產品的線下推廣方案有哪些。

1電視及廣播媒體廣告

電視媒體廣告早已融入人們的生活，所以很多產品的線下推廣活動，都會選擇與合適的廣播電視站合作，然後根據電視頻道的觀看率進行廣告植入。之所以這樣，是因為使用者對自己喜歡的電視頻道有著很好的信任感。廣播電台則是人們日常生活的新聞導向，能夠架起電台與用戶之間的互動橋樑，方便產品的有效推廣。

2報紙橫幅及單頁廣告

報紙能夠有效覆蓋一部分特定的群體，文案手根據這部分使用者類型，可以寫出更合適的文案內容進行廣告投放，投放內容可與ＡＰＰ同步。

而ＤＭ單頁則需要針對使用者群體有效控制投放點，收集高品質用戶。另外，文案手還需要把單頁上的文案設計得足夠吸引眼球，派發地點主要是在商業區寫字樓或人流量較大的路邊，向上班族等人發放宣傳單並引導他們登陸ＡＰＰ網站註冊。

3公車、計程車及燈箱廣告

根據公車的主路線圖，線上路人流量較大的車體上印製下載ＡＰＰ的廣告，並附帶下載二維碼，或者有選擇性地對部分計程車內部投入少量廣告，讓用戶能夠在第一時間回應廣告宣傳，有效提高ＡＰＰ的轉換率。

另外，在商業街區、客運站、大型市場及部分公車站，還可以適量投放燈箱廣告，便於貼近受眾用戶群體。當用戶每天都能看到ＡＰＰ的推廣廣告後，就能在潛移默化中形成品牌效應。

銷售其實就是在解決兩件事，即用戶接收到或找到了購買產品的理由；用戶能足夠方便地進行購買。其中，如何讓使用者瞭解產品是產品傳播的問題；如何讓客戶方便購買，則是個管道建設的問題。

所以，只要我們能控制好傳播，無論是使用線上行銷還是線下行銷，其關鍵還是要看產品的特性。就拿酒水等產品來說，使用線上行銷就不如線下行銷。像服務功能較強的產品，基本上都需要線上瞭解、諮詢，然後線上下成交和服務，比如飲水機、淨水器等。所以，我們的文案同樣要根據產品的具體特性來確定。

沒有創意的文案不叫文案

作者：王劍
發行人：陳曉林
出版所：風雲時代出版股份有限公司
地址：10576台北市民生東路五段178號7樓之3
電話：(02) 2756-0949
傳真：(02) 2765-3799
執行主編：劉宇青
美術設計：許惠芳
業務總監：張瑋鳳
出版日期：2024年10月
版權授權：蔡雷平
ISBN：978-626-7510-08-7
風雲書網：http://www.eastbooks.com.tw
官方部落格：http://eastbooks.pixnet.net/blog
Facebook：http://www.facebook.com/h7560949
E-mail：h7560949@ms15.hinet.net
劃撥帳號：12043291
戶名：風雲時代出版股份有限公司

風雲發行所：33373桃園市龜山區公西村2鄰復興街304巷96號
電話：(03) 318-1378　　傳真：(03) 318-1378
法律顧問：永然法律事務所 李永然律師
　　　　　北辰著作權事務所 蕭雄淋律師

行政院新聞局局版台業字第3595號 營利事業統一編號22759935

定價：340元

國家圖書館出版品預行編目資料

沒有創意的文案不叫文案／王劍 著. -- 初版 -- 臺北市：風雲時代出版股份有限公司，2024.10- 面；公分
ISBN：978-626-7510-08-7（平裝）
1.CST：廣告文案　2.CST：廣告寫作　3.CST：創意

497.5　　113010616